Josef W. Seifert

Visualisieren – Präsentieren – Moderieren

Für Elke

Josef W. Seifert

Visualisieren
Präsentieren
Moderieren

41. Auflage

Bibliografische Information der Deutschen Nationalbibliothek

Die Deutsche Nationalbibliothek verzeichnet diese Publikation in der Deutschen Nationalbibliografie; detaillierte bibliografische Daten sind im Internet über http://dnb.ddb.de abrufbar.

ISBN 978-3-86936-240-3

Umschlaggestaltung: Martin Zech Design | www.martinzech.de
Titelillustration und Kapiteldeckblätter: Design House, Laufer & Zahs, Nußloch
Textillustrationen: Peter Kaste, Erlangen
Grafik: David Seifert, Pörnbach
Fotos: Legamaster, Moderatio, Neuland, Fotolia
Druck und Bindung: Salzland Druck, Staßfurt

41. Auflage 2019
© 2001 GABAL Verlag GmbH, Offenbach

www.gabal-verlag.de

Vorwort zur ersten Auflage

Die meisten Menschen sind schulgeschädigt: Sie haben in vielen Jahren erfahren müssen, dass „Lernen" und „Lehren" vornehmlich mit „Sprechen" und „Sprache" zu verbinden ist. Der Lehrer- und Schülervortrag steht nach wie vor im Mittelpunkt didaktischen Handelns überall dort, wo menschliches Lernen institutionell gesteuert werden soll. Diese „Lernlandschaft" hat unsere natürlichen Lerngewohnheiten einseitig auf das sprachlich verfasste Lernmedium sowie auf passiv rezeptives Lernen ausgerichtet und unsere Erwartungen in Lernsituationen in gleicher Weise uniform geprägt.

Werden nun Schüler zu Lehrern, Betriebspädagogen oder Führungskräften, so nehmen sie häufig nur einen „Rollentausch" vor: Hatten sie sich früher jahrelang darauf trainiert, dem vortragenden Lehrer zuzuhören, so „gewöhnen" sie sich nunmehr schnell daran, selbst Themen, Anweisungen und Problemlösungen vorzugeben sowie sich in der „Kunst des Vortragens" zu üben.

Neben vielen anderen nachteiligen Auswirkungen, die sich daraus ergeben können, sind zwei in besonderem Maße tragisch: Zum einen die Vorstellung, dass etwas, was gesagt, auch verstanden wurde, zum anderen der Gedanke, dass sich die Aufgabe des Schülers bzw. Mitarbeiters darauf zu beschränken hat, zuzuhören bzw. Anweisungen auszuführen.

Das vorliegende Buch ist sehr wohl geeignet, diese „Versprachlichung" auflösen zu helfen. Der Autor hat eine Fülle von bewährten Methoden und Techniken der Visualisierung, Präsentation und Moderation zusammengestellt, die einer verständlichen Vermittlung von Informationen dienlich sind und praxisorientierte Hilfsmittel für die gemeinsame Problembewältigung in Lern- und Arbeitsgruppen anbieten. Er geht dabei selbst klar gestaltend und strukturierend vor.

Deshalb hat dieses Buch mit der wahren „Kunst" didaktischen Handelns viel zu tun.

Landau, im September 1989

Prof. Dr. Theo Hülshoff

Zum Buch

Visualisieren, Präsentieren und Moderieren sind Aufgaben, die auf Mitarbeiter moderner Organisationen immer häufiger zukommen. Wie wichtig dieses Thema ist, zeigt das wachsende Interesse an entsprechenden Trainings und kompletten Ausbildungsgängen.

Im Rahmen meiner Moderations- und Trainingsarbeit wurde ich immer wieder nach Literatur gefragt, die die Thematik Visualisierung und Präsentation bzw. Moderation in knapper, praxisnaher Form darstellt. Deshalb erarbeitete ich 1989 das vorliegende Buch, das zwischenzeitlich in mehrere Sprachen übersetzt wurde und weit über 500.000-mal die Druckerpresse verlassen hat. Ich habe das Buch mehrfach überarbeitet und erweitert. Für die nun vorliegende Auflage habe ich es abermals überarbeitet und erweitert, so dass es sowohl inhaltlich als auch gestalterisch wieder „auf der Höhe der Zeit" ist. So sind etwa die Fotos und Grafiken erneuert worden und es ist der eine oder andere Tipp dazugekommen.

Es sind auch jetzt, wie von Anfang an, wieder die drei inhaltlich eng verknüpften Themenbereiche Visualisierung, Präsentation und Moderation nicht isoliert, sondern in einem Band dargestellt, um dem Benutzer mit einer Zusammenstellung der wichtigsten Grundlagen, Regeln und Tipps ein umfassendes „Trockentraining" an die Hand zu geben.

Im Zentrum der Darstellungen steht das „Wie", die konkrete Anregung für die Praxis. Ich will den Leser damit ermuntern, das Buch als Nachschlagewerk und Arbeitsbuch zu benutzen, persönliche Anmerkungen einzutragen und es so zu einem nützlichen Werkzeug für die tägliche Arbeit werden zu lassen.

Ich wünsche Ihnen viel Spaß beim Lesen und Betrachten und eine gehörige Portion praktischen Nutzen!

Puch, 01.07.2011

Ihr *Josef W. Seifert*

Übrigens … Wenn hier vom Moderator die Rede ist, so ist selbstverständlich immer auch die Moderatorin gemeint. Mir fällt so das Schreiben leichter und ich finde, der Text liest sich auch leichter – o.k.!?

Inhalt

1 Visualisieren

1.1 Was bringt Visualisierung?

Ein Bild sagt bekanntlich mehr als tausend Worte. Auch wenn neuere Untersuchungen zeigen, dass jeder Mensch einen bevorzugten Eingangskanal hat und dies nicht in jedem Fall der visuelle ist, bleibt die Tatsache unbestritten, dass der Mensch ein „Augentier" ist. Die meisten Menschen sind (zumindest auch) „visuelle Typen". Unabhängig davon sagt eine visuelle Darstellung tatsächlich mehr, als man es mit tausend Worten sagen könnte, man denke nur an den visuellen Teil im täglichen Miteinander, den Bereich der non-verbalen Kommunikation.

Hier ein weiteres interessantes Faktum, die „Behaltensquote":

Behaltensquote

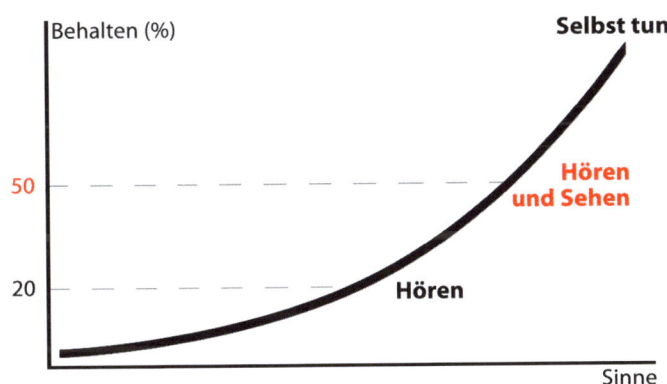

Abb. 1 – Behaltensquote

Wie die Darstellung zeigt, gewinnen wir, zum Beispiel in einer Präsentation, durch bildhafte Darstellung (Bilder, Symbole, geschriebenes Wort) 30 % im Behalten. Welche Vorteile Visualisierung insgesamt bringt, lässt sich bestenfalls erahnen.

Aber was genau verstehen wir eigentlich unter „Visualisierung"? Visualisierung heißt, etwas „bildhaft darstellen". Dies kann geschehen für Sachaufgaben, Gefühle, Prozesse. Diese optische Dokumentation muss nicht das gesprochene Wort ersetzen, vielmehr ist es ihr Ziel:

- die Aufmerksamkeit der Empfänger auf das Wesentliche zu konzentrieren,
- die Betrachter einzubeziehen,
- den Redeaufwand zu minimieren,
- dem Publikum Orientierungshilfen zu geben,
- Informationen leicht(er) erfassbar zu machen,
- Wesentliches zu verdeutlichen,
- Gesagtes zu ergänzen und zu vertiefen,
- das Behalten zu fördern,
- zu Stellungnahmen zu ermuntern.

In der Visualisierung sind der persönlichen Kreativität zwar keine Grenzen gesetzt, es empfiehlt sich aber, die Grundlagen der bildhaften Darstellung zu kennen und zu berücksichtigen. Hierzu gehören Kenntnisse über die ...

... Planung einer Visualisierung,
... Bausteine für eine Visualisierung,
... Regeln für die Komposition einer Visualisierung.

1.2 Planung einer Visualisierung

Eine gute Visualisierung muss in aller Regel gründlich überlegt werden, bevor sie in die Tat umgesetzt werden kann. Dies wird, abhängig von der jeweiligen Situation, mal mehr und mal weniger möglich sein. Man sollte aber auch bei geringer Vorbereitung nicht auf Visualisierung und damit deren positive Effekte völlig verzichten. Wenn man ausreichend Zeit hat und/oder die Darstellung entsprechend wichtig ist, sollte man sich auch unbedingt ausreichend Zeit zur Vorbereitung nehmen.

Gute, zum Beispiel im Rahmen einer Präsentation „spontan" entwickelte Darstellungen, setzen eine sehr gute Vorbereitung voraus, da der Akteur hierfür das Bild vor seinem „geistigen Auge" (und/oder als dünne Bleistiftskizze auf dem Blatt) vorentwickelt haben muss.

Zur gründlichen Vorbereitung einer Darstellung macht man wie beim guten Schulaufsatz als ersten Schritt eine Stoffsammlung. Man sammelt also zunächst alle möglicherweise brauchbaren Informationen zum Thema und selektiert dann, als zweiten Arbeitsschritt, die wesentlich erscheinenden Inhalte aus der zur Verfügung stehenden Stofffülle (Grobauswahl).

Im dritten Schritt werden die durch die Grobauswahl gefundenen Inhalte weiter komprimiert. Hierfür könnten die folgenden Leitfragen verwendet werden:

- Was will ich darstellen (Inhalt)?

- Wozu soll die Darstellung dienen (Ziel)?

- Wen will ich informieren oder überzeugen (Zielgruppe)?

Erst nach dieser planerischen Arbeit geht es um die Visualisierung im engeren Sinne, und es stellt sich die Frage, wie und womit die geplanten Inhalte aufbereitet und präsentiert werden sollen.

1.3 Bausteine für eine Visualisierung

Für die Herstellung einer Visualisierung benötigt man einerseits inhaltliche Elemente, mittels derer die Information logisch aufgebaut werden kann, und andererseits Medien, auf denen die Visualisierung physikalisch entsteht. Beides zusammen könnte man als die „Bausteine" für eine Visualisierung bezeichnen. Diese werden zur Komposition einer Gesamtdarstellung nach bestimmten Regeln genutzt.

Die in der (organisationalen) Praxis am häufigsten verwendeten Medien sind:

- Pinnwand (mit Pinnwandpapier),
- Flipchart (mit Flip-Bögen),
- Overheadprojektor (mit Transparentfolien),
- Beamer & Co. (mit PC/Notebook).

Zu den Gestaltungselementen gehören:

- Text,
- Freie Grafik und Symbole,
- Diagramme.

Die Gestaltungselemente sind für alle Informationsträger gleichermaßen verwendbar – die Gestaltungsregeln identisch.

Die Informationsträger unterscheiden sich bezüglich ihrer Brauchbarkeit je nach Anlass und Zweck des Einsatzes. Sie finden deshalb im Folgenden erst eine Kurzbeschreibung je Medium (Informationsträger). Im Anschluss daran gehe ich auf die genannten Gestaltungselemente ein. Die Regeln zur Gestaltung sind im Abschnitt 1.4 „Komposition einer Visualisierung" beschrieben.

1.3.1 Medien zur Visualisierung (Informationsträger)

Pinnwand

Die Pinnwand ist eine Hartschaumtafel von ca. 150 x 125 cm. Auf ihr werden mittels Pinnnadeln spezielle Papierbögen festgesteckt. Sie ist in einen Metallrahmen eingelassen und entweder fest an der Wand montiert oder aber mit Füßen versehen und kann dann frei im Raum bewegt werden. Es gibt davon auch zerleg- oder klappbare Varianten mit zugehöriger Transporttasche. Die Pinnwand kann dann in jedem Mittelklasseauto transportiert werden.

Das Pinnwandpapier ist braun oder weiß und wird mit speziellen Filzstiften mit Kalligrafiespitze beschrieben.

Sie eignet sich besonders für die Arbeit in kleinen Gruppen mit maximal 20 Teilnehmern.

Als Zusatzmaterial können hier die in der Moderation verwendeten Karten (Rechtecke, Kreise, Ovale) benutzt werden. Sie sind aus dünnem Karton und in unterschiedlichen Abmessungen sowie Farben erhältlich.

Die Pinnwand eignet sich sowohl zur Präsentation vorbereiteter Darstellungen als auch zur begleitenden Entwicklung von Inhalten. Sie ist **das** *Visualisierungsmedium in der Moderation.*

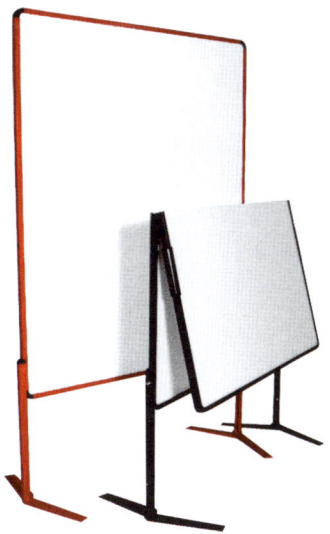

Abb. 2 – Pinnwand

Flipchart

Das Flipchart ist eine transportable Haltevorrichtung für spezielles Flipchartpapier von ca. 100 x 70 cm. Es eignet sich besonders für die Arbeit in klein(st)en Gruppen bis ca. 10 Personen.

Das Papier wird (wie Pinnwandpapier) mit speziellen Filzstiften beschriftet.

Darstellungen auf Flipcharts können vorbereitet sein oder situativ entwickelt werden. Sie können während der gesamten Arbeit sichtbar gehalten und später wieder verwendet werden.

Dieses Sichtbarhaltenkönnen von Darstellungen ist ein großes Plus der Flipcharts.

Flipcharts werden sowohl in der Präsentation als auch in der Moderation als dankbare „Visualisierungsesel" eingesetzt.

Abb. 3 – Flipchart

Overheadprojektor

Der Overheadprojektor (OHP) ist immer noch ein sehr verbreitetes Projektionsgerät für Darstellungen auf Klarsichtfolien. Die Folien haben das Format DIN A4; die Abmessungen der Projektion sind abhängig vom Format der Projektionswand bzw. dem Abstand zu ihr. Er eignet sich für Präsentationen sowohl vor kleinen als auch vor großen Gruppen. Die Besonderheit: Man kann damit sehr viele Teilnehmer „bedienen". Je nach Ausführung des Gerätes auch mehrere hundert Personen ...

Die Folien werden in aller Regel mit spezieller Software – wie etwa Microsofts „PowerPoint" – auf dem PC erstellt und auf einem Farbdrucker ausgedruckt. Obwohl heute eher der Beamer zum Einsatz kommt, können Folien oder Dias auch per LCD-Panel direkt aus dem PC projiziert werden. Dazu wird einfach anstatt der Folie ein LCD-Panel aufgelegt. Als „Zwischenlösung" kann man auch einen so genannten „Feeder" auflegen, er funktioniert wie der Papiereinzug am Kopierer, nur dass dieser eben Folien transportiert; und das selbstverständlich per Fernbedienung, step by step.

Folien können aber auch mit speziellen Folienstiften (wasserlöslich oder wasserfest) „zu Fuß" gestaltet werden. Hierzu eignen sich besonders Stifte mit Kalligrafspitze (vgl. hierzu „Besonderheiten beim Arbeiten mit Filzstiften", Seite 22). Folien können vorbereitet, aber auch situativ entwickelt werden. Die Stabilität und die leichte Transportierbarkeit von Folien sind deren großes Plus, vor allem wenn Darstellungen wiederholt eingesetzt werden sollen.

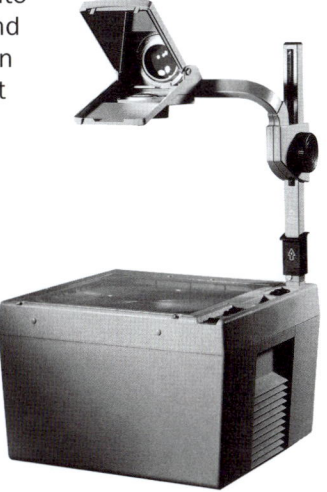

Der Nachteil im Vergleich zu Pinnwand und Flipchart: Die einzelnen Visualisierungen bleiben nur für die Dauer der Projektion sichtbar.

Abb. 4 – Overheadprojektor

17

Beamer & Co.

Der Beamer ist ein Digitalprojektor, mit dem man Darstellungen – meist werden diese in Anlehnung an Overheadfolien auch als „Folien" bezeichnet – direkt aus dem PC auf eine Projektionsfläche projiziert. Oft werden diese Folien mit Spezialsoftware wie etwa „PowerPoint" oder „Keynote", „Visio" oder „Mindmanager" erstellt. Der „Umweg" des Ausdruckens und Auflegens von Folien auf einen Overheadprojektor wird immer seltener.

Mit dem Beamer haben die Bilder für eine Präsentation „laufen gelernt". Visualisierungen können dynamisch gestaltet werden. Texte und Grafiken werden ganz oder teilweise ein- oder ausgeblendet, „weggepixelt", Sprach-, Musik- oder gar Filmsequenzen werden eingebaut ... Der Übergang zum Film ist fließend. Die Steuerung erfolgt per Maus oder Fernbedienung. Mit einer Digitalkamera „geschossene" Bilder können über das Computerprogramm eingebunden oder (je nach verfügbarer Hardwarekonstellation) auch direkt projiziert werden. Online-Tools ermöglichen das Erstellen und Projizieren von Präsentationen via Internet.

Ultrakleine, kraftvolle und leichtgewichtige Mini-Notebooks, vom „Netbook" bis zum „Smartphone", sind die idealen Partner der Daten-Videoprojektoren. Viele Geräte bieten „Plug and Play". Sie werden einfach an den Computer angeschlossen und die Konfiguration/Synchronisation erfolgt automatisch.

Der große Vorteil dieser „perfekten" Technik ist auch gleichzeitig ihr entscheidender Nachteil: die Perfektion. Je mehr der technischen Möglichkeiten man nutzt, desto professioneller aber auch steriler und „glatter" wirkt die Präsentation. Im Extremfall wird sie zur „Filmvorführung". Häufig fehlen dann nur noch die Kartoffelchips ...

So schwer es bei einer „Lowtech-Präsentation" via Pinnwand oder Flipchart ist, die Veranstaltung zu „überpowern", so leicht gerät man durch die Nutzung elektrischer/elektronischer Medien, vom OHP bis zum Beamer, in diese Gefahr.

Übrigens: Für eine brillante Darstellung ist die verfügbare Projektionsfläche ganz entscheidend. Wenn Sie sich also nicht ganz sicher sind, ob Sie am Präsentationsort eine ausreichend gute Ausrüstung zur Verfügung haben, packen Sie lieber Ihre eigene portable Projektionswand mit ein!

Abb. 5 – Beamer & Co.

... und was es „sonst noch" so gibt:

Anlässe und Zielsetzungen für Präsentationen sind äußerst vielschichtig. Welche Medien brauchbar bzw. notwendig sind, ist für den Einzelfall zu klären. Der Idealfall ist sicherlich, wenn man etwas „live" präsentieren und auf „Darstellungstechnik" ganz verzichten kann. Wenn man ein Produkt auf den Tisch legen und im Original betrachten oder gar befühlen kann, ist das sicherlich das Optimum.

Da dies häufig nicht möglich ist, ist man auf Präsentationstechnik/Präsentationsmedien angewiesen. Hierzu gehören – wie dargestellt – vor allem die Pinnwand, das Flipchart, der OHP und der PC mit Beamer.

Daneben gibt es weniger gebräuchliche/verbreitete Geräte, vom „Tisch-Flipchart" über das LCD-Display für den PC, den „Sofort-Presenter" (ein Projektor, über den man z.B. eine Buchseite direkt projizieren kann) und den (mikroprozessorgesteuerten) „Diaprojektor", die „CCD-Mini-Farbkamera" zur Live-Präsentation von z.B. Gegenständen bis hin zu kombinierten Geräten, wie dem „Copyboard" und dem „Copyflip", die den Anschrieb auf Wunsch sofort als DIN-A4-Blatt ausdrucken, oder dem „eBeam", bei dem man Daten per PC und Beamer präsentationsbegleitend zwischen Projektionsfläche und Rechner austauschen kann. Aktuelle Detailinformationen auch zu Medien für ganz spezielle Anwendungen findet man im Fachhandel und im Internet, da es beinahe täglich etwas Neues gibt.

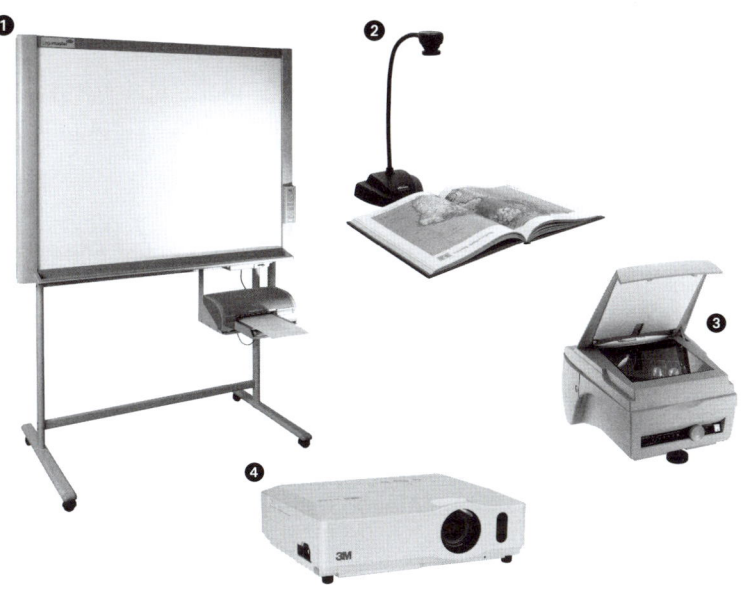

1 Copyboard
2 CCD-Minikamera
3 Sofortpresenter
4 Beamer
5 eBeam
6 Touchscreen
7 Papershow

Abb. 6 – Sonstige Medien   **21**

Besonderheiten bei der Arbeit mit Filzstiften

Bevor wir zu den Gestaltungselementen übergehen, an dieser Stelle noch einige wenige, aber doch zentrale Tipps zur Arbeit mit Filzstiften, die trotz modernster Visualisierungstechnik per PC wieder stark im Vormarsch sind.

Ihre Schriftqualität hängt neben dem Übungsgrad vor allem von der richtigen Handhabung der Stifte ab. Nachfolgend finden Sie am Beispiel „Edding 800" und „Edding 330" Hinweise zur richtigen Benutzung:

Versuchen Sie jeweils mit der (unten) angegebenen **Kante** zu schreiben und den Stift beim Schreiben **nicht** zu **drehen**. Als Orientierung sehen Sie unten jeweils einen „Musterstrich" angegeben, an dem Sie die Ausgangsstellung des Stiftes kontrollieren können.

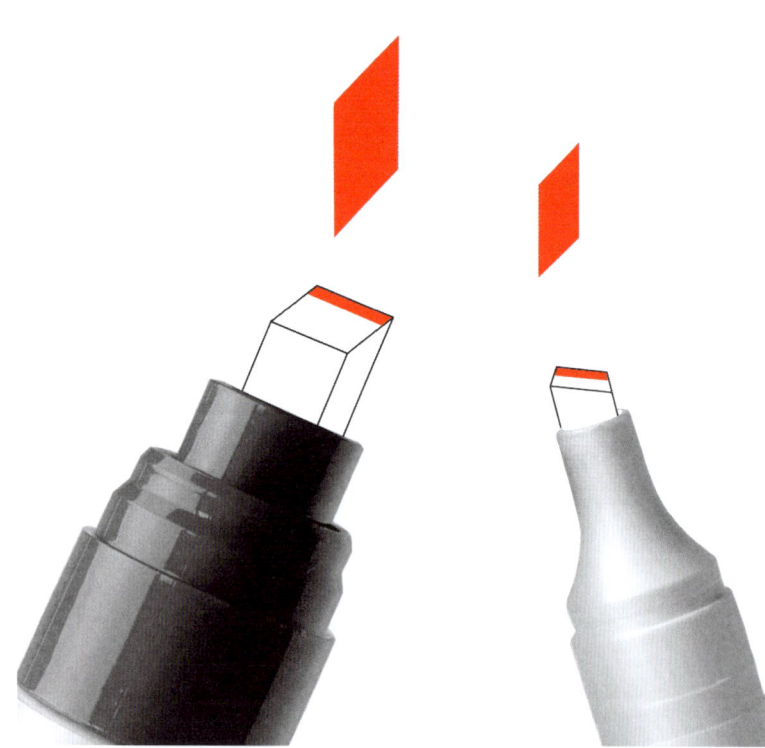

Abb. 7 – Arbeiten mit Filzstiften

Die richtige Schriftgröße für die genannten Stifte ist hier an einem einfachen Schriftbeispiel illustriert. Wichtig ist hierbei noch, dass die Ober- und Unterlängen kurz gehalten werden.

Übrigens: Sobald es mit irgendeinem Stift klappt, die richtige Schrift zu produzieren, fällt es auch mit jedem anderen leicht, ob Filz- oder Kalligrafiestift.

Abb. 8 – Schriftbeispiel   **23**

1.3.2 Gestaltungselemente

Eine visuelle Darstellung ist in aller Regel eine Komposition/Zusammenstellung verschiedener Elemente.

Diese Elemente nennen wir „Gestaltungselemente der Visualisierung". Dies sind im Einzelnen:

Text

Unter dem Gestaltungselement Text verstehen wir ganz einfach das geschriebene Wort. *... in all seinen Ausprägungen*

Freie Grafik und Symbole

Diagramme

Umsatzanteile
Alle Filialen

Erstes Quartal:
Unser neues Produkt kommt gut an!

Kleingebäck 14%

Baguette weiß 20%

Mischbrot 19%

Baguette voll 26%

"Sugar" 5%

"Little Bel" 9%

"Vollschnitte" 7%

W. Wichtig · 22 Fil.

24   Abb. 9 – Gestaltungselemente

Gestaltungselement **Text**

Die gebräuchlichste Form, Informationen zu visualisieren (sie also sichtbar zu machen), ist, diese niederzuschreiben.

Wie Untersuchungen gezeigt haben, kommen (schriftliche) Informationen am ehesten beim Empfänger an, wenn die folgenden Regeln beachtet werden:

A) Auf gute Lesbarkeit achten

- Auf gute Lesbarkeit achten!

  Bei der Erstellung von Hand Druckschrift verwenden, nicht Handschrift. Bei der Erstellung per Maschine einfache, (serifenlose) Schrifttypen (z.B. Arial) wählen.

- Lesegewohnheiten beachten!

  Immer von links nach rechts schreiben. Die Darstellung links oben beginnen. Groß- und Kleinbuchstaben benutzen.

B) Die vier „Verständlichmacher" beachten

- Einfachheit

  Geläufige Wörter verwenden. Kurze Sätze bilden.

- Gliederung / Ordnung

  Überschriften und Zwischenüberschriften verwenden. Optische Blöcke bilden.

- Kürze / Prägnanz

  Die Aussagen auf das Wesentliche beschränken. Im Weglassen liegt die Kunst!

- Zusätzliche Stimulanzen

  Farben einsetzen; Beispiele geben; neben dem geschriebenen Wort auch Skizzen verwenden.

Gestaltungselemente freie Grafik und Symbole

Die Gestaltungselemente freie Grafik und Symbole sind dem Verständlichmacher „Zusätzliche Stimulanzen" (vgl. S. 25) zuzuordnen. Sie dienen der Verdeutlichung und/oder Hervorhebung von Informationen. „Trockene" Themen können durch ihren Einsatz aufgelockert werden.

Beim Einsatz von Pinnwänden bietet sich für freie Grafik auch die Verwendung von Moderationsmaterialien (Rechtecke, Kreise, Ovale, ...) an. Durch die zur Verfügung stehenden Farben, Formen und Größen sind diese Materialien für die freie Grafik gut geeignet.

Beim Arbeiten mit Computerprogrammen stehen in aller Regel mehr Farben und Formen zur Verfügung, als man je nutzen kann. Hier ist Vorsicht geboten, damit man sich nicht verleiten lässt, „zu viel des Guten" zu tun und durch die Vielfalt der grafischen Elemente den Inhalt verdrängt.

Hier einige Beispiele für Elemente zur Gestaltung einer Visualisierung:

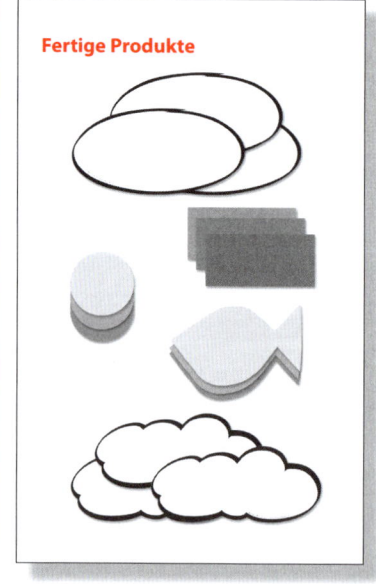

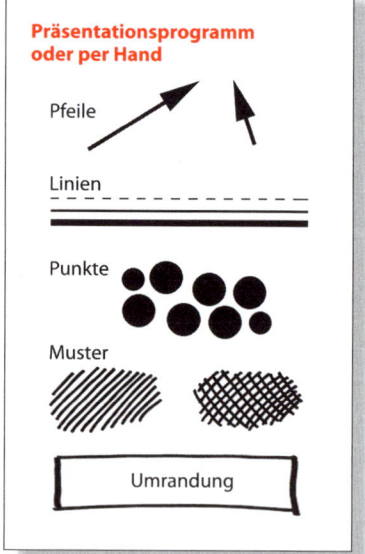

Abb. 10 – Elemente für freie Grafik

Abb. 11 – Standardisierte Symbole

Abb. 12 – Nichtstandardisierte Symbole

Gestaltungselement Diagramme

Diagramme sind standardisierte Darstellungsformen für bestimmte Sachverhalte.

Beispiele hierfür sind:

- Liste und Tabelle,

- Kurvendiagramm,

- Säulendiagramm,

- Kreis- oder Tortendiagramm,

- Aufbaudiagramm / Organigramm,

- Ablaufdiagramm / Netzplan.

Diagramme dienen, je nach Darstellungsform, der Gegenüberstellung von z.B. absoluten Zahlen, Entwicklungsabläufen oder Größenverhältnissen sowie der Veranschaulichung von Bestandsgrößen, Abläufen und Strukturen, ...

Im Folgenden sind die gängigsten Diagrammtypen zusammengestellt und jeweils mit einigen Beispielen visualisiert, so dass es bei Bedarf leicht möglich sein wird, die richtige Darstellungsform zu finden.

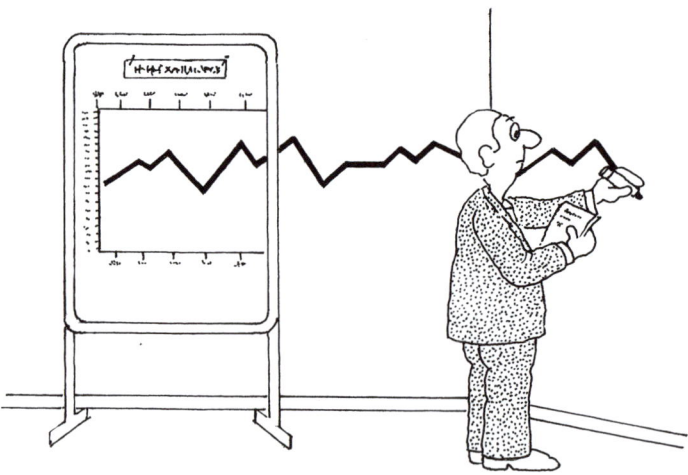

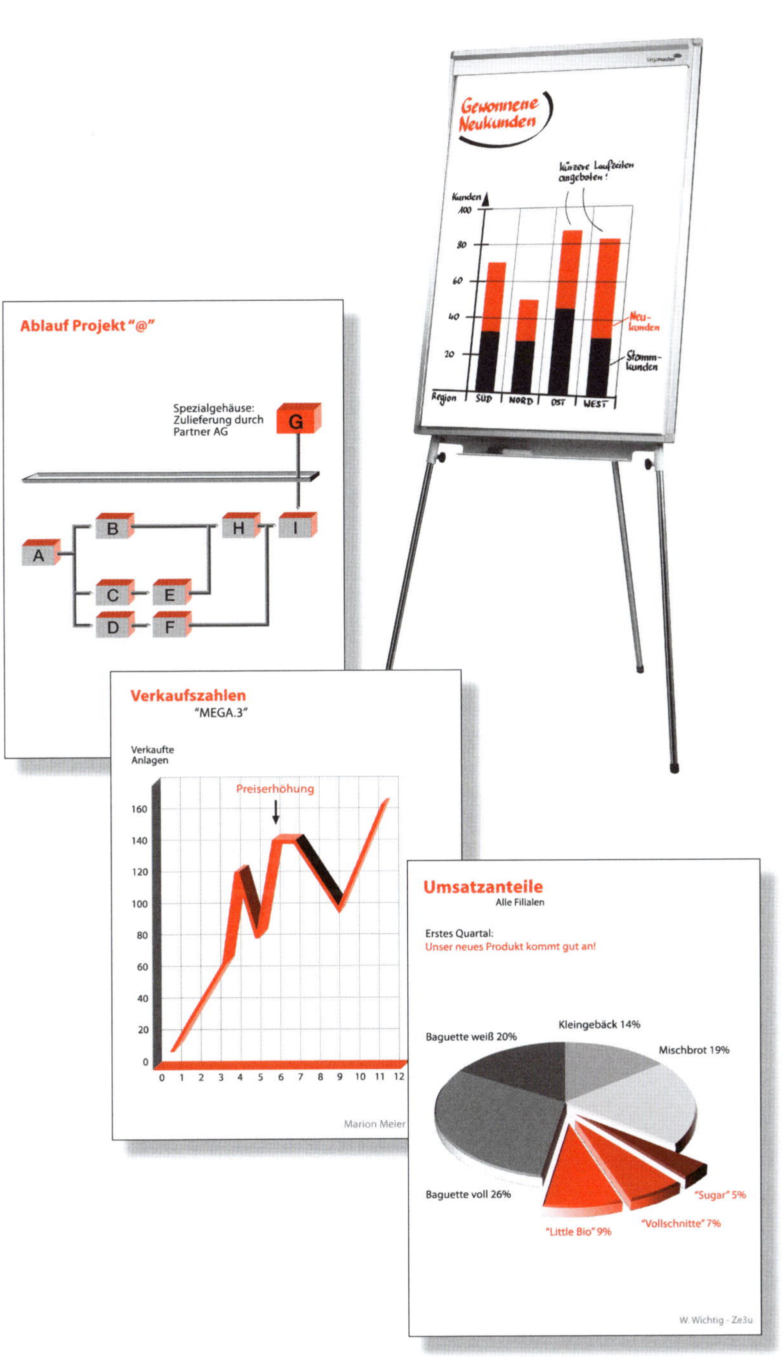

Gewonnene Neukunden

kürzere Laufzeiten angeboten!

Kunden /100

80
60
40
20

Region | SÜD | NORD | OST | WEST

Neu-kunden
Stamm-kunden

Ablauf Projekt "@"

Spezialgehäuse:
Zulieferung durch
Partner AG

G

A — B — H — I
B — C — E
C — D — F

Verkaufszahlen
"MEGA.3"

Verkaufte
Anlagen

Preiserhöhung

160
140
120
100
80
60
40
20
0

0 1 2 3 4 5 6 7 8 9 10 11 12

Marion Meier

Umsatzanteile
Alle Filialen

Erstes Quartal:
Unser neues Produkt kommt gut an!

Kleingebäck 14%
Baguette weiß 20%
Mischbrot 19%
Baguette voll 26%
"Sugar" 5%
"Little Bio" 9%
"Vollschnitte" 7%

W. Wichtig · Ze3u

Abb. 13 – Diagramme   **29**

Was?

Liste und Tabelle

Wozu?

Listen und Tabellen stellen eine gute Möglichkeit dar, Zahlen oder Werte transparent zu machen. Sie eignen sich vor allem zur Auflistung, um sich einen Überblick zu verschaffen von ...

... Themen,
... Produkten,
... Fehlerquellen,
... Umsatzzahlen,
... Lagerbestandszahlen,
...

Wie?

- Tabellen müssen von ihrer Aussage her exakt das treffen, was Sie darstellen/aufzeigen wollen!

- Tabelle bedarfsorientiert erstellen (nicht übernehmen)!

- Das Wichtigste hervorheben (z.B. durch Umrahmung)!

- „Rahmendaten" mitliefern (dadurch Verständlichkeit erhöhen)!

- (Spalten-) Überschriften müssen für sich sprechen!

- (Spalten-) Überschriften heben sich optisch ab, z.B. durch dicke Trennstriche!

- Lesegewohnheiten beachten (Beschriftungen nur horizontal)!

- Bei vielen Zeilen (und Spalten) diese evtl. nummerieren!

- Nicht zu sehr ins Detail gehen (z.B. Zahlen mit drei Kommastellen)!

- Überschrift und ggf. Quellenangabe nicht vergessen!

Beispiele
Liste und Tabelle

Kunden-Aussagen

Auszug aus der Kundenbefragung

- „Ich werde über bevorstehende Wartungen und Reparaturen zuverlässig informiert."
- „Wenn mein Fahrzeug zur Reparatur bei Euch war, war der Fehler immer auch wirklich weg!"
- „Ich kriege immer sehr fundierte fachliche Auskünfte."

- „Mein Fahrzeug war bei der Übergabe trotz telefonischer Terminabsprache nicht in einwandfreiem Zustand."
- „Euer Personal ist schon mal pampig."
- „Wenn man warten muss, wird kein Service geboten: Kein Kaffee, kein Garnichts."

Silke Müller - GL

Preise

Extras
Modelle „2000" & „3000"

Extras / Modell	2000	3000
Metalliclack	1.800,-	1.920.-
Wärmeschutzglas	467,-	502.-
Alufelgen	2.025,-	2.425.-
Fahrwerk II	1.050,-	1.725.-
Radio mit CD	970,-	1.320.-
Schiebedach mech.	876.-	
Schiebedach elektr.	996.-	1.005.-
Klimaanlage	2.225.-	2.425.-
ABS	800.-	920.-
ASR	490.-	580.-
Airbags hinten	2.222.-	2.425.-
SOS-System (Funk)	3.005.-	3.005.-

Silke Müller - GL

Katalog
wichtiger Themen

1. **Fluktuationsquote**

2. **Arbeitsunfallzahlen**

3. **Fehlzeitenrate**

4. **Fehlerrate**

5. **Nachbearbeitungsrate**

6. **Reklamationen**

7. ...

Silke Müller - GL

Abb. 14 – Liste und Tabelle

Was?

Kurvendiagramm

Wozu?

Kurvendiagramme eignen sich besonders für ein Aufzeigen von Entwicklungsverläufen, aber auch für die vergleichende Darstellung von Prozessen wie etwa ...

... Umsatzentwicklung,
... Entwicklung von Marktanteilen,
... Kostenentwicklung,
... Nacharbeitsrate,
... Fluktuationsquote,
...

Wie?

- Als Ausgangspunkt dient bei Kurvendiagrammen der Nullpunkt des Koordinatensystems!

- Die Abszisse (horizontale Achse) dient i. d. R. der Darstellung des zeitlichen Ablaufs!

- Die Ordinate (vertikale Achse) dient der Mengenangabe!

- Die richtige Achseneinteilung bedenken – sie bestimmt den Kurvenverlauf!

- Jede Achse hat eine klare Bezeichnung zu tragen!

- Bei mehreren Kurven ist jede Kurve bezeichnet!

- Bei mehreren Kurven in einem Diagramm sind unterschiedliche Linien (durchgezogen, gestrichelt, ...) zu verwenden!

- Die beabsichtigte Aussage hervorheben, z.B. durch Schraffur zwischen den Linien!

- Überschriften und ggf. Quellenangabe nicht vergessen!

Beispiele
Kurvendiagramm

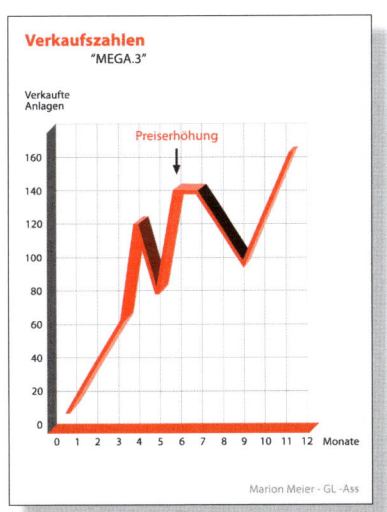

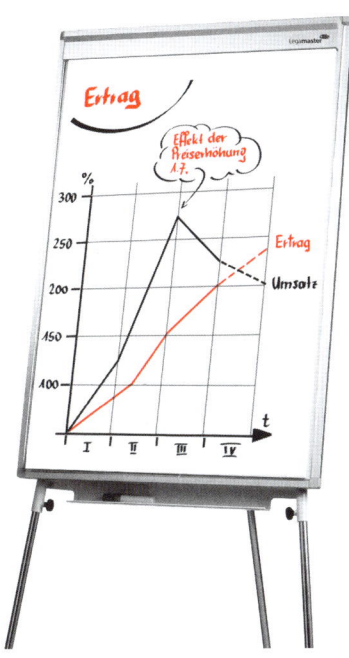

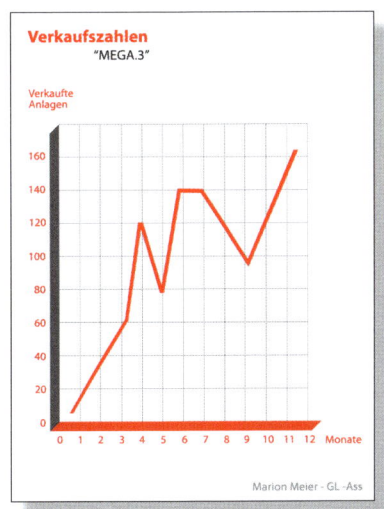

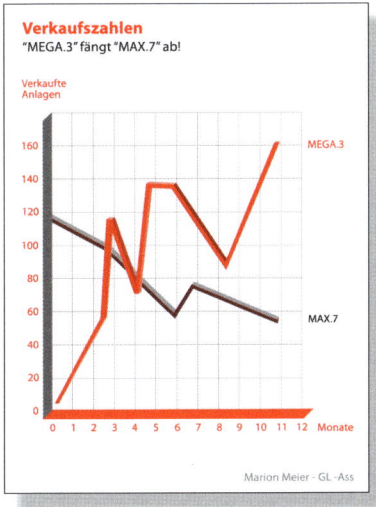

Abb. 15 – Kurvendiagramm　　33

Was?

Säulen- und Balkendiagramm

Wozu?

Säulen- und Balkendiagramme eignen sich besonders für die vergleichende Darstellung von Größen und ein Aufzeigen von Entwicklungen, wie etwa ...

... Umsätze,

... Lagerbestände,

... Aufkommen an Steuern,

... Nacharbeit pro Abteilung oder Team,

... Unfallzahlen (je Monat),

...

Wie?

- Entscheiden, wie die gewünschte Aussage am deutlichsten wird: Absolutzahlen, Prozentwert, kumulierte Werte, ...!

- Achseneinteilung sorgfältig wählen. Die Darstellung soll die gewünschte Aussage deutlich widerspiegeln!

- Auf gleiche Strichstärke achten: Nulllinien sind als „optischer Ausgangspunkt" dicker als Säulen- oder Balkenränder!

- Säulen bzw. Balken in gleicher Breite darstellen!

- Der Abstand zwischen den Säulen/Balken sollte maximal der Säulenbreite entsprechen!

- Die Nulllinien sind deutlich zu beschriften und die gewählte Skalierung ist anzugeben!

- Die Säulen/Balken sind zu beschriften!

- Überschrift und ggf. Quellenangabe nicht vergessen!

Beispiele
Säulen- und Balkendiagramm

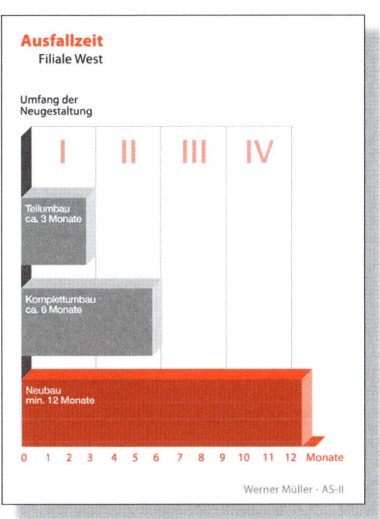

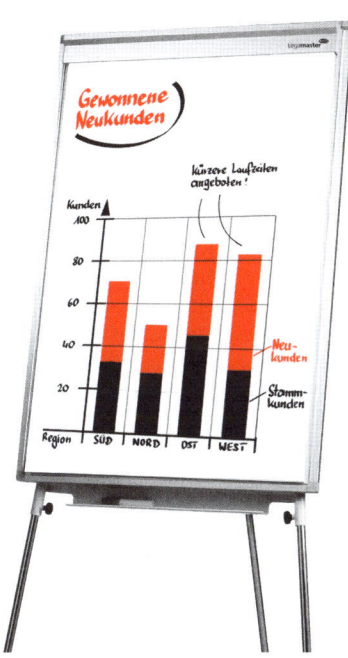

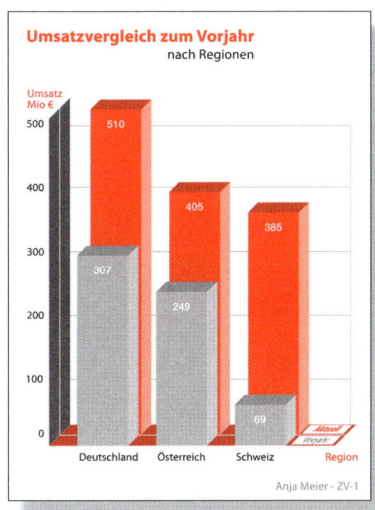

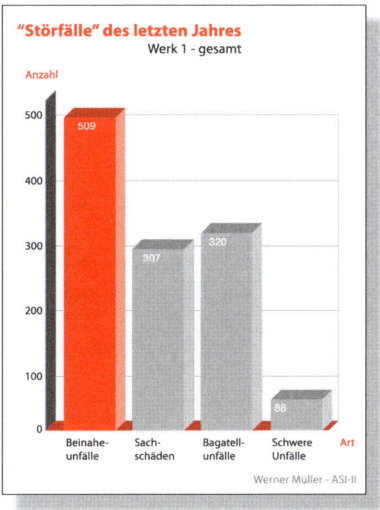

Abb. 16 – Säulen- und Balkendiagramm   **35**

Was?

Kreis- / Tortendiagramm

Wozu?

Kreis- bzw. Tortendiagramme stellen immer das Ganze und seine Teile dar und geben so einen guten Gesamtüberblick über z.B. ...

... Umsatzverteilung,
... Marktanteile,
... Kostenzusammensetzung,
... Gewinnverteilung,
... Sitzverteilung,
...

Wie?

- Teile der Gesamtmenge in Prozentwerte umrechnen. Dabei entsprechen 360 Grad = 100 Prozent!

- Nicht zu kleine Teilmengen darstellen: Lesbarkeit bedenken!

- Sollen mehrere kleine Teilmengen dargestellt werden, durch Zusammenfassen „Sammeleinheiten" bilden!

- Die Bezeichnungen der Teilmengen können auch im jeweiligen Kreissegment stehen!

- Die einzelnen Teilmengen müssen optisch klar getrennt werden, zum Beispiel durch Farben und/oder durch Schraffuren!

- Beim Einsatz von Farben die jeweilige Farbe bewusst wählen. Die Signalfarbe Rot beispielsweise zur Abgrenzung oder Betonung!

- Überschrift und ggf. Quellenangabe nicht vergessen!

Beispiele
Kreis- / Tortendiagramm

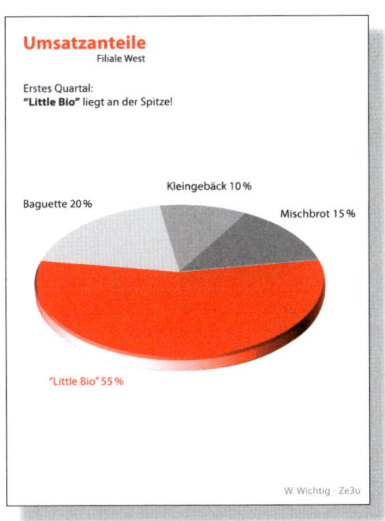

Umsatzanteile
Filiale West

Erstes Quartal:
"Little Bio" liegt an der Spitze!

Kleingebäck 10 %

Baguette 20 %

Mischbrot 15 %

"Little Bio" 55 %

W. Wichtig - Ze3u

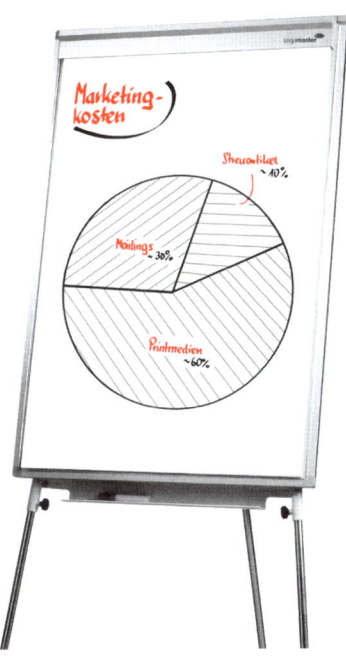

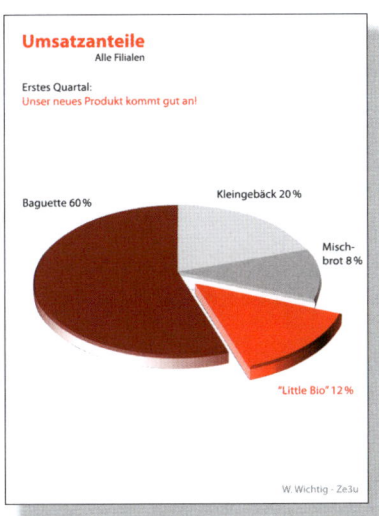

Umsatzanteile
Alle Filialen

Erstes Quartal:
Unser neues Produkt kommt gut an!

Baguette 60 %

Kleingebäck 20 %

Misch-
brot 8 %

"Little Bio" 12 %

W. Wichtig - Ze3u

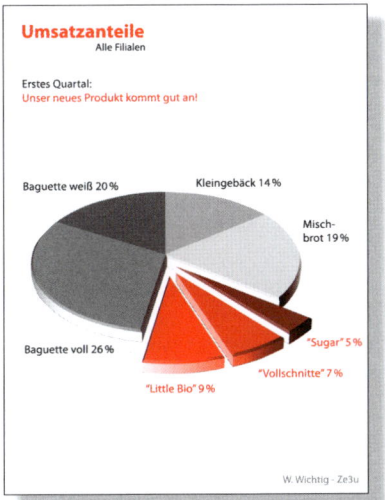

Umsatzanteile
Alle Filialen

Erstes Quartal:
Unser neues Produkt kommt gut an!

Baguette weiß 20 %

Kleingebäck 14 %

Misch-
brot 19 %

Baguette voll 26 %

"Sugar" 5 %

"Vollschnitte" 7 %

"Little Bio" 9 %

W. Wichtig - Ze3u

Abb. 17 – Kreis- / Tortendiagramm

Was?

Organigramm

Wozu?

Diese Diagrammarten dienen der Darstellung von Strukturen und Abläufen. Sie eignen sich zur Wiedergabe von (komplexen) Zusammenhängen, wie dem ...

... Aufbau von Organisationen,
... Aufbau von Produkten,
... Aufbau von Dateistrukturen,
... Ablauf von Arbeitsprozessen,
... Ablauf von Projekten,
...

Wie?

Organigramm/Aufbaudiagramm

- Aufzeigen der Aufgabenverteilung und/oder Hierarchien in einer Organisation mittels „Kästchen"!

- Durch Lage der Einheiten (z.B. Kästchen) und Strichstärken, Schraffuren usw. kann die Nähe der Organisationseinheiten zueinander gekennzeichnet werden!

- Ein Organigramm wird klassisch von oben nach unten detaillierter. Alternativ lassen sich Strukturen/Zusammenhänge auch vom Mittelpunkt ausgehend darstellen.

Ablaufdiagramm/Netzplan

- Aufzeigen von vorbestimmten Soll- bzw. ermittelten Ist-Abläufen.

- Verwendet werden einfache Symbole, wie zum Beispiel Pfeile oder normierte Symbole!

- Der Netzplan ist die Darstellungsform für den Ablauf im Projektmanagement. Das Projektmanagement ist in der DIN 69901 geregelt.

- Überschrift und ggf. Quellenangabe nicht vergessen!

Beispiele
Organigramm

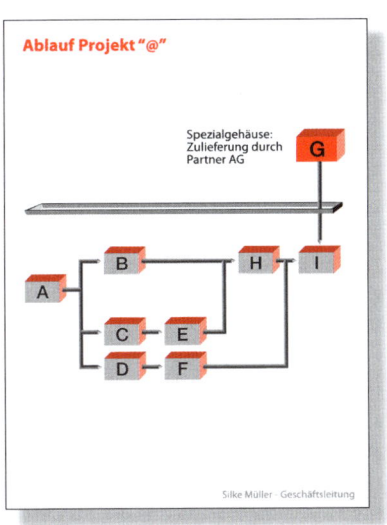

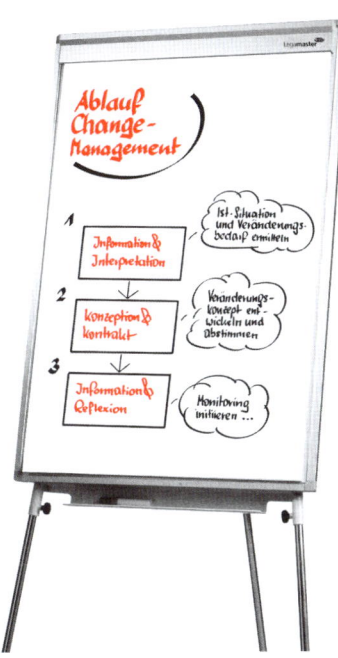

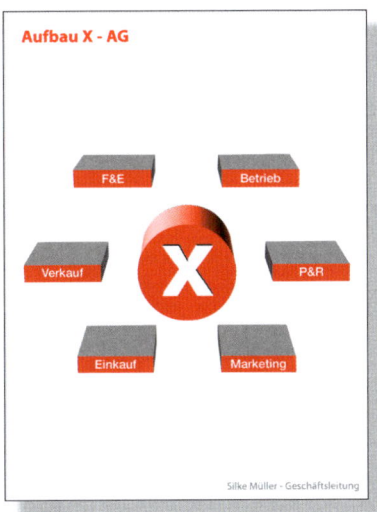

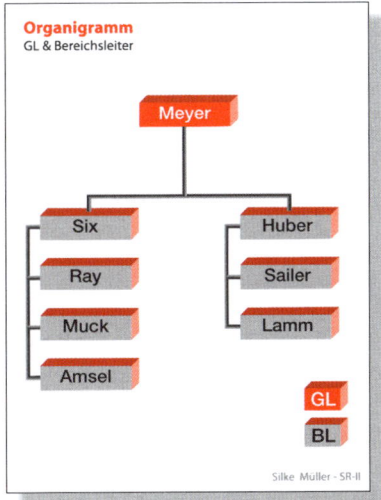

Abb. 18 – Organigramm   **39**

Entscheidungs-Matrix

Was für welchen Zweck?

Art der darzustellenden Infos / Art des Diagramms	Liste	Tabelle	Kurven	Säulen	Balken	Kreise	Organigramm	Aufbau	Ablauf
Aufzählung	✗								
Daten-zuordnung		✗							
Absolute Werte	✗			✗	✗				
Anteile eines Ganzen						✗			
Organisations-strukturen							✗	✗	
Aufbau, Zusammensetzung							✗	✗	
Entwicklungs-verläufe			✗						✗
Gegenüber-stellung				✗	✗				
Abläufe			✗						✗

Abb. 19 – Entscheidungsmatrix

1.4 „Komposition" einer Visualisierung

Die Gestaltungselemente Text, freie Grafik und Symbole sowie Diagramme werden auf den Medien/Informationsträgern Pinnwandpapier, Flipchart-Bogen und Folie zu einer präsentationsreifen Vorlage zusammengestellt. Diese Vorgehensweise kann man als „Komposition einer Visualisierung" bezeichnen. Um eine möglichst gelungene Gesamtdarstellung zu erreichen, sollte man an folgende Punkte denken:

- Blattaufteilung,
- Anordnung und Logik,
- Farben und Formen.

1.4.1 Blattaufteilung

Um eine klare (Grob-)Struktur in der Darstellung zu erzielen, ist es zunächst notwendig, die Blattaufteilung zu bedenken. Hier ist es hilfreich, den Informationsträger mit einem Raster aufzuteilen, d. h. in der Breite und/oder Höhe zu halbieren oder zu dritteln. Dies kann rein gedanklich geschehen oder bei Packpapier und Flipchart mit dünnen Bleistiftstrichen und bei Folie durch Unterlegen mit einem Raster. In einem zweiten Schritt ist dann festzulegen, welche Gestaltungselemente bzw. Teile davon in welcher Teilfläche untergebracht werden sollen.

Hier ein Beispiel:

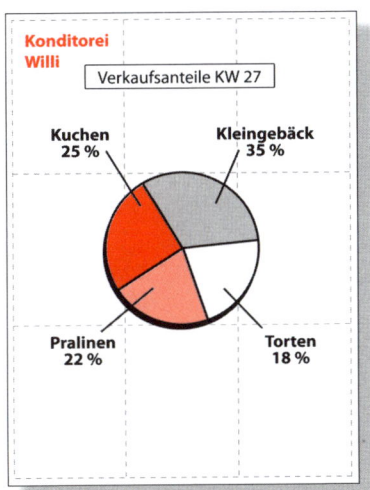

Abb. 20 – Grobraster zur Blattaufteilung

1.4.2 Anordnung und Logik

Für das Anordnen der Gestaltungselemente innerhalb des gewählten Grobrasters gibt es einige Grundmuster, die man als Orientierung nutzen kann; dies sind:

- Symmetrie,
- Reihung,
- Rhythmus,
- Dynamik.

Auf der folgenden Seite ist je ein einfaches Anordnungsbeispiel für diese „Klassiker" der Komposition gegeben. Wichtig ist bei der Anordnung der Gestaltungselemente, dass sie nicht „zufällig" in der einen oder anderen Art platziert werden, sondern dass sich in der Wahl und der Anordnung der Elemente die logische Struktur dessen widerspiegelt, was dargestellt werden soll. Man kann sich hierzu bei der Planung einer Visualisierung etwa fragen:

- Soll etwas in seiner Gesamtheit mit seinen Bestandteilen dargestellt werden? (Fragen nach dem Ganzen und seinen Teilen.)

   Zur Darstellung könnte verwandt werden: Symmetrie/ Netzbild (vgl. S. 43 und S. 136f.).

- Sollen Rangstufen/Hierarchieebenen dargestellt werden? (Fragen nach Über- und Unterordnung.)

   Zur Darstellung könnte verwandt werden: Reihung/ Organigramm (vgl. S. 43 und S. 38 f.).

- Sollen Ursachen und deren Auswirkungen aufgezeigt werden? (Fragen nach Grund und Folge.)

   Zur Darstellung könnte verwandt werden: Dynamik/ Ursachen-Wirkungs-Diagramm (vgl. S. 43 und S. 134f.).

- Sollen Dinge miteinander verglichen werden? (Fragen nach Gleich- und Ungleichheit.)

   Zur Darstellung könnte verwandt werden: Reihung/ Säulen- und Balkendiagramm (vgl. S. 43 und S. 34 f.).

Beispiele
Anordnung der Gestaltungselemente

Reihung

A

B

C

D

E

Symmetrie

Rhythmus

1

1.1

1.2

2

2.1

2.2

Dynamik

Abb. 21 – Anordnung der Gestaltungselemente **43**

1.4.3 Farben und Formen

Neben der Blattaufteilung und der Anordnung der Visualisierungselemente ist bei der Komposition einer Gesamtdarstellung der Einsatz von Farben und Formen sorgfältig zu planen, denn:

Farben und Formen sind Bedeutungsträger!

Durch eine sinnvolle Verwendung von Farben und Formen werden:

- wichtige Informationen hervorgehoben,
- Zusammenhänge verdeutlicht,
- Querverweise zwischen mehreren Darstellungen hergestellt,
- aufeinanderfolgende Darstellungen miteinander verbunden.

Beispiele
Betonung in der Anordnung

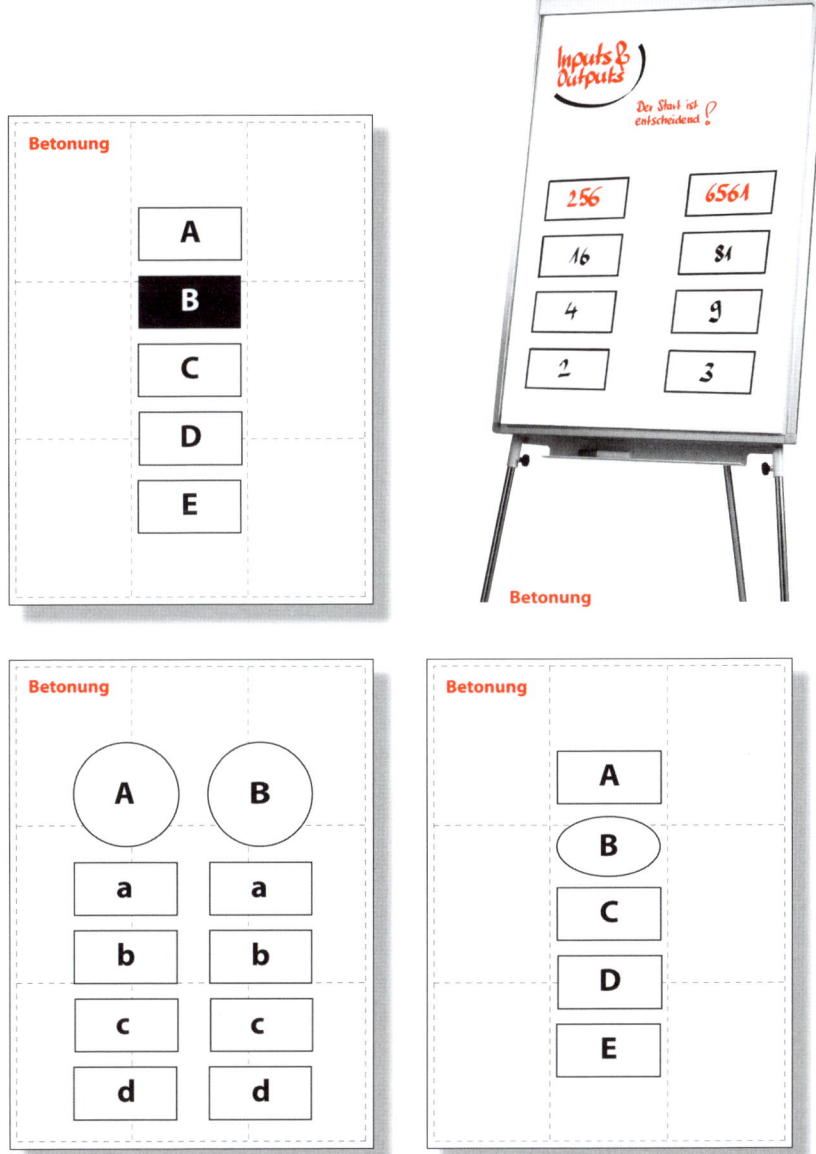

Abb. 22 – Betonung in der Anordnung   **45**

Und hier noch einige allgemeine
Tipps zur Gestaltung von Visualisierungen:

- Verwenden Sie, wenn möglich, maximal drei Farben pro Darstellung!

- Bilden Sie Blöcke; fassen Sie Sinneinheiten (auch) dadurch zusammen, dass Sie diese räumlich nah beieinander abbilden!

- Setzen Sie für vom Sinn her zusammengehörende Sachverhalte immer die gleiche Farbe und Form ein!

- Heben Sie Wichtiges hervor, z.B. durch Verwendung der Farbe Rot oder durch Umrahmung, Unterstreichung oder Schraffur!

- Verwenden Sie (auch) Freiflächen als Gestaltungselement; lassen Sie ausreichend Raum frei!

- Verzichten Sie auf Kürzel – schreiben Sie alles aus!

- Nutzen Sie die stimulierende Wirkung der freien Grafik; malen Sie auch mal ein „Bildchen"!

- Hüten Sie sich vor perfekten Darstellungen; zu „glatte" Bilder wirken kühl und schaffen Distanz!

- Testen Sie Ihre Visualisierung(!), indem Sie diese Bekannten oder Kollegen präsentieren und deren Meinung hierzu einholen!

Zum Abschluss dieses Kapitels noch eine grundsätzliche Empfehlung. Bitte vergessen Sie nicht, dass die Kunst des Visualisierens nicht darin liegt, die Fülle der zur Verfügung stehenden Informationen abzubilden, sondern eher im Gegenteil, denn:

Im Weglassen liegt die Kunst!

Stellen Sie jeweils so viel wie nötig und so wenig wie möglich dar. Es wirkt nicht die Fülle des Angebots, sondern deren Aussagekraft und die Qualität.

2 Präsentieren

2.1 Präsentieren – wozu eigentlich?

Gute Ideen verkaufen sich in den seltensten Fällen von allein. Es ist heute mehr denn je notwendig, sich und seine Leistungen, Produkte etc. gut zu präsentieren, d. h. „vorzuzeigen", anderen „vor Augen zu führen".

Neben den kleinen alltäglichen Präsentationen – und wir präsentieren ständig – ist eine Präsentation eine Veranstaltung, bei der ein Präsentator einem ausgewählten Teilnehmerkreis vorbereitete Inhalte vorstellt. Ziel kann es hierbei sein:

- den Kollegenkreis über die neuesten Umsatzzahlen zu **informieren**,

- den/die Kunden vom Nutzen eines Angebotes zu **überzeugen**,

- den Vorgesetzten zur Fortsetzung des Projektes X zu **motivieren**.

„Alles schön und gut", werden Sie sagen „und was brauche ich, um eine wirkungsvolle Präsentation durchführen zu können?"

Da eine Präsentation von der konkreten Situation lebt, gibt es keine den Erfolg garantierenden, allgemeingültigen Regeln. Trotzdem ist es höchstwahrscheinlich, dass Sie mit:

- einem ausgefeilten Aufbau,
- einer gelungenen Visualisierung und
- gekonntem Präsentationsverhalten

Erfolg haben werden. Und noch eins: Eine Präsentation ist in aller Regel nur so gut wie ihre Vorbereitung – Vorbereitung aber ist Willenssache!

> *„Ein Mensch – dass ich nicht Unmensch sag'–*
> *Meint: »Alles kann man, wenn man mag.«*
> *Vielleicht – doch gibts da viele Grade:*
> *Auch mögen können ist schon Gnade!"*
>
> Eugen Roth

2.2 Vorbereitung einer Präsentation

Eine Präsentation beginnt – wie jede geplante Aktivität – bereits weit vor der eigentlichen Durchführung. Sie teilt sich in drei große Teile auf: Vorbereitung, Durchführung und Nachbereitung. Wir befassen uns zunächst mit dem ersten Teil, der Vorbereitung einer Präsentation.

Der Präsentationserfolg hängt ganz entscheidend von der Vorbereitung ab, denn an keiner Stelle sonst können Sie so stark Einfluss auf das Gelingen der Veranstaltung nehmen.

Eine gründliche Vorbereitung bringt:

- ein Mehr an Informationen, Detailkenntnissen ...,

- mehr persönliche Klarheit,

- die Möglichkeit zu gezielter Visualisierung,

- die Chance für einen störungsfreien organisatorischen Ablauf,

- die Aufbereitung von Materialien für den Bedarfsfall,

- letztendlich größere persönliche Sicherheit im Auftreten.

Was gehört zu einer sinnvollen Vorbereitung?

Die Vorbereitung zerfällt in sechs Teilbereiche. Eine Präsentation ist umfassend vorbereitet, wenn für alle Bereiche entsprechende Vorarbeiten geleistet wurden. Dies bezieht sich im Einzelnen auf:

- Thema,
- Ziel,
- Zielgruppe,
- Inhalt,
- Ablauf und
- Organisation.

Diese „Eckpfeiler" der Vorbereitung werden im Folgenden näher betrachtet.

2.2.1 Vorbereitung auf Thema und Ziel

Thema und Ziel werden oft verwechselt: Haben Sie ein Thema für Ihre Präsentation, ist nicht auch schon automatisch das Ziel klar!

Wenn das Thema zum Beispiel „Projekt ALPHA" lautet, so ist damit noch nicht geklärt, ob über ...

 ... Schwierigkeiten bei der Bearbeitung,
 ... die Kostensituation oder
 ... die Erfolgsaussichten des Projektes berichtet werden
   soll, ob ...
 ... eine Entscheidung vorbereitet oder
 ... eine Entscheidung begründet und um Verständnis
   geworben werden soll ...

Um entscheiden zu können, was Inhalt der Präsentation werden kann bzw. soll oder gar muss, muss das Ziel so klar wie irgend möglich formuliert sein. Nur so können Sie sicher sein, dass Ihnen keine „Themaverfehlung" passiert!

Ein klar formuliertes Ziel für obiges Beispiel wäre etwa: „Die Teilnehmer werden nach der Präsentation für die Bewilligung weiterer Mittel für das ‚Projekt ALPHA' stimmen." Die weitere Planung muss sich nun dieser Zielsetzung unterordnen – es finden nur Informationen Verwendung, die diesem Ziel dienen.

2.2.2 Vorbereitung auf die Zielgruppe

Der Begriff „Zielgruppe" meint den gezielt ausgewählten Teilnehmerkreis der Präsentation. Dies ist der Personenkreis, den Sie einbeziehen wollen und/oder müssen, um Ihr Ziel zu erreichen. Auch die umgekehrte Fragestellung ist denkbar. Wer ist Teilnehmer, und auf wen müssen Sie somit die Veranstaltung ausrichten?

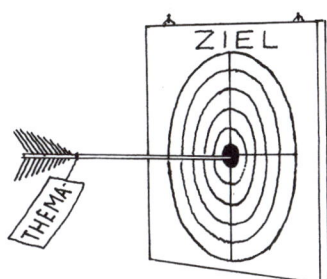

Zur gezielten Vorbereitung bezüglich der Teilnehmer ist es hilfreich, sich Hilfsfragen zu stellen. Diese könnten lauten:

● Wer soll bzw. muss dabei sein?

Einzuladen sind die von der entsprechenden Thematik Betroffenen (oder deren Vertreter) sowie aus taktischen Gründen wichtige Personen.

● Wie groß soll die Gruppe sein?

Die Gruppe soll so groß wie nötig, aber so klein wie möglich sein. Werden es mehr als 10 Personen, suchen Sie sich einen Partner, der Sie bei der Präsentation unterstützen kann.

● Gibt es Gemeinsamkeiten, die die Zielgruppe kennzeichnen?

Wenn es Gemeinsamkeiten – wie etwa Alter, Geschlecht, Beruf, Kenntnis der Organisation, Vorwissen zum Thema – gibt, so müssen diese bei der Auswahl und Aufbereitung der Präsentationsinhalte in jedem Fall berücksichtigt werden. Gibt es keine Gemeinsamkeiten, so muss dieser Tatbestand berücksichtigt werden, z.B. durch mehr Detailinformationen.

● Welches Interesse könnte der einzelne Teilnehmer haben, zur Veranstaltung zu kommen?

– Welche Einstellung hat er zum Thema?
– Welche Erwartungen hat er an das Thema?
– Welche Einstellung hat er zu mir – als Präsentator?
– Welche Erwartungen hat er an mich?
– Welche Einstellung haben die Teilnehmer zueinander?

Das Wissen um die (vermutlichen) Einstellungen und Erwartungen der Teilnehmer hilft einerseits, nicht (aus Sicht der Teilnehmer) zentrale Inhalte zu vernachlässigen und so Frustration zu erzeugen, und dient andererseits zur mentalen Einstimmung auf die Situation.

2.2.3 Inhaltliche Vorbereitung

Abhängig von Thema, Ziel und Zielgruppe, wird der Inhalt der Präsentation in drei Stufen aufbereitet; diese sind:

- Stoff sammeln und Wichtiges selektieren,
- Komprimieren des Stoffes,
- Visualisieren der ausgewählten Inhalte.

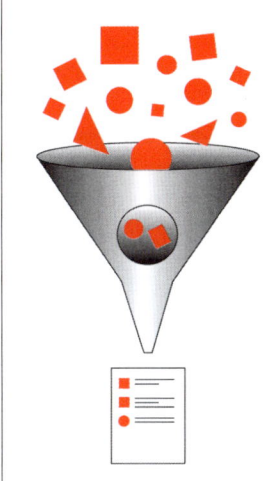

1. Stoff sammeln und selektieren
Auswählen der für die Präsentation in Frage kommenden Inhalte

2. Komprimieren
Reduzieren der ausgewählten Inhalte auf das Wesentliche

3. Visualisieren
Darstellen der Inhalte für die Präsentation

Abb. 23 – Selektieren – Komprimieren – Visualisieren

Nach dem Sammeln und Ordnen möglicher Inhalte zum Thema der Präsentation werden die relevanten Informationen selektiert und dann zu einem vom Umfang her bearbeitbaren Maß komprimiert. Beim Komprimieren sind folgende Gesichtspunkte zu beachten:

- Neue Informationen (Untersuchungsergebnisse, Entscheidungen ...) haben Vorrang vor bereits Bekanntem.

- Ausgewählt werden die für Zielsetzung und Zielgruppe aussagekräftigsten Informationen.

- Beschränkung auf das Wesentliche!

Die so erhaltenen Informationen werden dann für die Präsentation in Haupt- und Unterpunkte gegliedert und schließlich für die Veranstaltung in Form von Texten, freier Grafik und Diagrammen auf Pinnwänden, Flipcharts und/oder Folien optisch aufbereitet.

2.2.4 Vorbereitung des Ablaufs

Eine Präsentation besteht aus den drei Teilen **Eröffnung**, **Hauptteil** und **Schluss**.

Im Folgenden ist beschrieben, was für die einzelnen Teile an Vorbereitung zu leisten ist. Die Darstellung schließt jeweils mit einigen Merkpunkten (Checkliste) ab.

Eine Empfehlung vorab: Legen Sie sich – von Anfang an – „Spickzettel" (z.B. DIN-A5- oder Moderationskarten) an, auf denen Sie sich Stichworte zu allen Punkten Ihrer Vorbereitung vermerken.

A) Vorbereitung der Eröffnung

Am Beginn jeder Veranstaltung steht die Begrüßung, sie ist sachlich oder persönlich – je nach Teilnehmerkreis. Es ist in jedem Fall sinnvoll, sich vorab Gedanken über die passende Grußformel zu machen und darüber, was Sie zur eigenen Person sagen wollen (Vorstellung).

Der zweite Schritt der Eröffnung ist die Nennung von:

- Anlass,
- Thema und
- Ziel der Veranstaltung,

auch, wenn Sie annehmen (könnten), dass das schon jeder weiß. In einem dritten Schritt geben Sie den vorgesehenen „Fahrplan" bekannt, damit die Teilnehmer wissen, „wohin die Reise geht". Er sollte folgende Punkte enthalten:

- Hauptgliederungspunkte der Präsentation mit Nennung der Präsentatoren (bei mehreren),
- zeitlicher Ablauf mit Nennung der Pausen und
- Bekanntgabe des „Verpflegungsplans",
- gegebenenfalls Teilnehmer-Unterlagen ankündigen.

Im letzten Schritt der Eröffnungsphase gilt es, die Teilnehmer auf das Thema einzustimmen, so dass diese es nicht mehr erwarten können, mehr darüber zu hören. Dies können Sie erreichen, indem Sie:

- Fragen stellen

  Fragen haben Aufforderungscharakter; sie regen zum Mitdenken an.

- Persönliche Betroffenheit herstellen

  Aufzeigen, was das Thema der Präsentation mit dem Teilnehmer zu tun hat.

- Persönlichen Nutzen aufzeigen

  Beantwortung der Frage: Was habe ich als Teilnehmer davon, dass/wenn ich ...?

- Provozieren

  Provozieren kann etwa das Aufstellen einer kuriosen, paradoxen, gewagten, ... These.

Merkpunkte
zur Vorbereitung der Präsentationseröffnung

- **Bitte checken Sie ab, ob Sie wissen, ...**

  ✓ mit welchen Worten Sie die Präsentation offiziell beginnen werden,
  ✓ was Sie zur eigenen Person sagen werden,
  ✓ wie Sie an den Präsentationsanlass anknüpfen werden,
  ✓ was Sie zu Anlass, Thema und Zielsetzung der Veranstaltung sagen werden,
  ✓ welche Punkte Sie in den „Fahrplan" für die Teilnehmer aufnehmen werden,
  ✓ ob bzw. wie und wann Sie Teilnehmer-Unterlagen ankündigen und/oder ausgeben werden,
  ✓ welche Mittel Sie einsetzen werden, um die Aufmerksamkeit und Bereitschaft der Teilnehmer zum Zuhören zu wecken.

B) Vorbereitung des Hauptteils

Im Hauptteil der Präsentation stellen Sie Ihren Zuhörern das Thema systematisch vor. Dazu gliedern Sie in der Konzeption die Inhalte in Haupt- und Unterpunkte. Überlegen Sie sich an dieser Stelle auch, wie viel Stoff Ihre Zuhörer in der zur Verfügung stehenden Zeit aufnehmen können, denn **weniger ist oft mehr**!

Es ist wichtig, dass Ihre Argumentation logisch aufgebaut und für Ihre Teilnehmer nachvollziehbar ist. Daneben ist bereits jetzt zu überlegen, wie Sie die Aufmerksamkeit und Konzentration der Teilnehmer aufrechterhalten können. Hierzu bieten sich an:

- Fragen stellen (den Stoff durch Fragen gliedern),
- Abwechslung in den Medien bieten,
- Stoff in kurze Präsentationsabschnitte gliedern und Pausen einlegen,
- wirkungsvolle Visualisierung,
- Einsatz mehrerer Präsentatoren (Zweier-Team),
- (Ergänzung der) Visualisierungen während der Präsentation.

Am Ende des Hauptteils geben Sie eine kurze Zusammenfassung der wesentlichen Inhalte. Bereiten Sie diesen Teil konkret vor, indem Sie …

- entsprechende Darstellungen (Plakate, Flips, Folien) vollständig vorab visualisieren und/oder
- die Plakate, … nur zum Teil visualisieren, um sie dann in der Präsentation zu ergänzen, und/oder
- sich überlegen, wie Sie die Visualisierung komplett während der Veranstaltung erstellen können.

Merkpunkte
zur Vorbereitung des Hauptteils der Präsentation

- **Bitte checken Sie ab, ob …**
  - ✓ Ihr Stoff nachvollziehbar gegliedert ist und Ihre Ausführungen verständlich sind, z.B. in einem Probelauf vor Kollegen,
  - ✓ Sie sich bereits ausreichend Zeit für eine wirkungsvolle Visualisierung (vgl. Teil 1 – Visualisieren) genommen haben, indem Sie z.B. Ihre Visualisierungen vor Bekannten und/oder Kollegen „testen",
  - ✓ Sie schon konkret wissen, welche Mittel Sie einsetzen werden, um die Aufmerksamkeit der Teilnehmer über die Dauer der Präsentation aufrechtzuerhalten.

Gliederungshilfen für den Hauptteil

Für den Aufbau der Präsentation und die Einordnung der Inhalte in den Ablauf ist grundsätzlich – wie bereits dargestellt – zu unterscheiden, ob man **informieren** oder **überzeugen** (und zu einer Tat **motivieren**) will. Daran orientiert sich die Sammlung und Auswahl möglicher Inhalte. Und danach ist der Aufbau der Präsentation auszurichten: ganz besonders der Hauptteil!

Im Folgenden finden Sie einige grundsätzliche Aufbauschemata für den Hauptteil der Präsentation. Ich habe vier Möglichkeiten für das Anliegen zu informieren und zwei Varianten für Überzeugung & Motivation skizziert. Wofür Sie sich im Einzelfall entscheiden, hängt vom Anlass, von Thema und Zielsetzung etc. ab, ganz wie bei einer Krawatte …

Information

Als Möglichkeiten eine Informationspräsentation aufzubauen kann man folgende Grundstrukturen verwenden:

- „Sachstruktur"
- „Genetische Struktur"
- „Dreisatz"
- „Harte Nachricht"

Wählen Sie die Struktur, die dem Thema angemessen erscheint, die Ihnen am besten gefällt oder die, die für Sie am leichtesten umzusetzen ist:

Die **Sachstruktur** ist eine Gliederung, so wie ich sie für dieses Buch verwendet habe. Es ist eine Gliederung nach der Sachlogik der Inhalte. Erst kommt die Vorbereitung, dann die Durchführung und dann der Abschluss.

Bei der **genetischen Struktur** reihen sich die Inhalte dem Zeitverlauf gemäß aneinander: was war erst und was war dann und was dann ...

Der **Dreisatz** ist eine knappe, sehr übersichtliche Form der Darbietung von Informationen. Er kann die genannten Gliederungsmöglichkeiten einschließen. Der Vorteil: Jeder kann eine derart simple Struktur leicht erfassen; drei Beispiele:

- Vorbereitung - Durchführung - Nachbereitung
- These - Antithese - Synthese
- Was war? - Was ist? - Was wird sein?

Die „**harte Nachricht**" ist eine etwas ausführlichere Form der Darstellung. Es ist die Struktur, die die Presse nutzt, um Informationen knapp, klar und verständlich zu präsentieren. Sie besteht aus den Schritten: *Überblick - Details - Hintergründe - unmittelbare Folgen - weitere Entwicklung.* Der „Witz" an der Sache ist, dass man die Nachricht mehr oder weniger tief darstellen kann. Nach jedem Gliederungsschritt ist eine „Sollbruchstelle" eingebaut. Wird die Zeit knapp, so kann man nach jedem Schritt abschließen, ohne dass die Zuhörer den Eindruck gewinnen, dass ihnen etwas vorenthalten wurde.

Präsentieren

1.   Vorbereiten einer Präsentation
1.1 Vorbereitung auf Thema und Ziel
1.2 Vorbereitung auf Zielgruppe
1.3 ...

2.   Durchführen ein
2.2 Tipps für die Era
2.2 Tipps für den Ha
2.3 Tipps für den Ab

3.   Nachbereiten ei
3.1 Persönliche Nacl
3.2 Organistorische

Kleine Firmengeschichte

1987 Herr Justus verlässt die
PORTO AG, um als freier
Steuerberater zu arbeiten

1988 Gründung der MINITAX GmbH

1989 Umwandlung der Gesellschaft
in Justus GmbH & Co. KG

Dieselautos

A) Was war?
Dieselmotoren werden ohne
Rußpartikelfilter ausgeliefert

B) Was ist?
EU-Vorschrift im entst
Übergangsfrist bis 3

C) Was wird sein?
In den nächsten 2 Jahr
alle LKW durch neue
ersetzt sein

...schaft stellt ihren
...ein und zieht in
...igebäude

Arbeitsunfall

Mitarbeiter vor dem Haupttor von
PKW erfasst und schwer verletzt.

Am letzten Montag wurde um 6.47 Uhr
der Mitarbeiter Hubert K. beim Über-
queren der Straße direkt vor dem Haupttor, Dieselstraße 7 von einem PKW...

Der Unfall ist die Fortsetzung einer
Serie unglücklicher Ereignisse.

Wir werden sofort eine Untersuchung
veranlassen.

Überzeugung/Motivation

Will man mit einer Präsentation das Publikum nicht einfach über X oder Y informieren, sondern die Gäste von seiner Meinung überzeugen oder/und zu einem bestimmten Handeln motivieren, so muss man mehr auf die Emotionen des Publikums eingehen. Die Informationen müssen so dargestellt werden, dass sich die Zuhörer persönlich betroffen fühlen und für sie ein „Handlungsdruck" entsteht. Hierzu eignen sich die im Folgenden skizzierten Aufbauschemata:

- „Feedback" und
- „Werbespot"

Feedback-Struktur

Beim Arbeiten mit der Feedback-Struktur beantworten Sie nacheinander die Fragen:

- Was beobachte ich?

Hier geht es – wie beim „Informieren" – um Zahlen - Daten - Fakten („ZDF"), es kann aber auch darüber hinaus darum gehen darzustellen, was Sie emotional beobachten. Also zum Beispiel Ängste, sinkende Motivation oder steigende Konfliktbereitschaft in der Belegschaft.
Ein Beispiel: *„Ich beobachte seit dem Wechsel in die neue Organisationsstruktur Anfang des Jahres einen deutlichen Motivationsschwund bei den Mitarbeitern und ein sehr hohes Maß an Frustration und Konfliktpotenzial. Kollegen beginnen Kunden, die sie schon etwas länger kennen, ihr Leid zu klagen und über Internas zu sprechen ..."*

- Was entsteht dadurch bei mir?

Im zweiten Schritt erklären Sie, wozu das bei Ihnen persönlich führt. Hier schildern Sie vor allem die negativen Auswirkungen, wie etwa, dass Sie sich Sorgen machen, dass ...
Ein Beispiel: *„Damit geht es mir persönlich extrem schlecht, weil ich den Mitarbeitern nur sehr begrenzt helfen kann. Ich bin immer wieder mit der Notwendigkeit konfrontiert, die neue Organisationsform zu erklären, ja zu verteidigen. Ich muss täglich Zeit investieren, um Schnittstellenfragen zu klären, und komme zu meiner eigentlichen Arbeit erst am Abend ..."*

● Was entsteht daraus für uns/Sie?

Im Schritt 3 erläutern Sie nun, wozu die von Ihnen beobachteten Phänomene aus Ihrer Sicht führen werden; mit welchen Auswirkungen die Zuhörer zu rechnen haben, wenn nichts geschieht, nichts dagegen getan wird.
Ein Beispiel: *„Ich fürchte, wir verlieren an Schwung, an Kraft, wenn wir so weitermachen, wir verlieren mittelfristig Kunden im Bereich ..."*

● Was schlage ich vor?

Im letzten Schritt geht es um die Lösung des dargestellten Problems. Hier haben Sie Gelegenheit, den Lösungsvorschlag vorzutragen, der aus Ihrer Sicht der „einzig Richtige" ist.
Ein Beispiel: *„Aus meiner Sicht ist es – aus den genannten Gründen – dringend geboten, die neue Organisationsform nochmals zu durchdenken. Wir sollten mit den Mitarbeitern in einer Workshopreihe ..."*

„Ich wusste gar nicht, dass Feedback geplant ist."

Werbespot-Struktur

Die „Werbespot-Struktur" ist die Methode, die Sie jeden Tag im Fernsehen beobachten können und die offensichtlich funktioniert – aus welchem Grund sollten Sie diese Struktur also nicht auch für Ihre Überzeugungsarbeit nutzen? Sie ist eine gute Alternative zur „Feedback-Struktur"; Sie gehen dazu in den folgenden vier Schritten vor:

• Das Problem erläutern

Zunächst schildern Sie das Problem, das möglicherweise schon allen bekannt ist, vielleicht sogar schon „unter den Nägeln brennt". Nutzen Sie hierzu Schlagworte, „malen Sie schwarz-weiß"!
Ein Beispiel: *„Wie wir ja alle wissen, geht es für uns heute um die Frage der Marktführerschaft und damit letztlich um ‚Alles oder Nichts'! Wir haben die Wahl zwischen maximalen Anstrengungen und Lethargie, die Wahl zwischen Globalplayer und Bedeutungslosigkeit. In unserer Branche ..."*

• Versuch & Irrtum

Hier bringen Sie Scheinlösungen, misslungene Lösungsversuche im eigenen Haus oder anderswo oder aber „theoretisch Denkbares", was für Ihren Fall aber nicht taugt. Ihr Ziel ist es, „Hoffnungslosigkeit" und „Spannung" aufzubauen.
Ein Beispiel: *„Nun könnte man sagen, dann vervielfachen wir halt die Werbeanstrengungen, nur wer soll das bezahlen? Unser Werbeetat reicht gerade mal für ... Oder man macht es wie MINIMAX und tut sich mit Gleichgesinnten zusammen, zugegeben, der Gedanke liegt nahe, nur in unserem Marktsegment wäre das der Todesstoß für uns, weil gerade das ..."*

• Persönlicher Lösungsvorschlag

Jetzt bringen Sie Ihren Lösungsvorschlag. Wenn möglich ist er (zumindest in diesem Zusammenhang) neu!
Ein Beispiel: *„Ich bin aufgrund der soeben vorgetragenen Gedanken zu dem Schluss gekommen, dass es für uns nur einen Weg geben kann, und das ist der Weg der Konzentration durch Ausweitung. Zugegeben, das klingt zunächst verrückt. Was ich damit meine, ist ..."*

● Transfer in die Realität der Gäste

Abschließend erläutern Sie kurz, wie die Welt sein wird, wenn erstmal Ihre Lösung realisiert wurde. Für die Spannung im Publikum gilt das Motto: „Schön, wenn der Schmerz nachlässt!" Ein Beispiel: *„Wenn wir diesen Weg gegangen sind, haben wir die Situation, dass wir ganz elegant ... und dadurch sind wir in der glücklichen Lage ..."*

C) Vorbereitung des Abschlusses

Der erste Eindruck ist entscheidend und der letzte bleibt! Deshalb ist auch der Abschluss der Präsentation ein wichtiger Bestandteil des Gesamtgeschehens. War es etwa Ziel der Veranstaltung, die Teilnehmer zu konkretem Tun zu veranlassen, so ist an dieser Stelle ein deutlicher Appell angebracht, der dann möglicherweise so im Raum stehen bleibt und dem keine abschließenden Worte mehr folgen ... außer etwa einem bedächtigen „Ich danke Ihnen!". Die „Standardvariante" ist freilich, dass Sie den Teilnehmern für ihr Kommen (und ihre Aufmerksamkeit) danken und dann die Veranstaltung mit einer Grußformel abschließen. Die Kernpunkte hierzu werden vorab visualisiert, der Wortlaut des Appells und des Abschlusses auf einem „Spicker" festgehalten, so dass der Schluss nicht „verunglücken" kann!

Merkpunkte
zur Vorbereitung des Präsentationsabschlusses

● **Bitte checken Sie ab, …**
  ✓ welche Kernpunkte die Zusammenfassung am Schluss enthalten sollte/könnte oder muss,
  ✓ mit welchen Worten Sie die Präsentation abschließen wollen.

Nach der Präsentation kann sich – je nach Vorplanung – eine Diskussion anschließen, die ebenso wie die eigentliche Präsentation gut vorbereitet werden sollte. Zur Vorbereitung der Diskussion ist es „überlebens"wichtig, sich zu überlegen, …

● welche Eröffnungsfrage man stellen wird,
● welche Aussagen kommen könnten und von wem,
● welche Argumente und Erwiderungen hilfreich sein könnten (falls geeignet, Pro- und Kontra-Argumente sammeln).

Merkpunkte
zur Vorbereitung der Diskussion

● **Bitte checken Sie ab, …**
  ✓ wie viel Zeit Sie für eine Diskussion einräumen wollen und/oder können,
  ✓ wer zu Ihrer Entlastung die Diskussionsleitung übernehmen könnte,
  ✓ mit welchen Worten Sie die Diskussion eröffnen und gegebenenfalls den Diskussionsleiter vorstellen,
  ✓ mit welchen Argumenten bzw. Einwänden Sie rechnen müssen und wie Sie ihnen begegnen können.

Bedenken Sie, dass Sie als Diskussionsleiter …

● das Ziel festlegen,
● den Zeitrahmen vorgeben,
● Wortmeldungen koordinieren,
● dafür sorgen, dass auch zurückhaltende Teilnehmer zu Wort kommen,
● Missverständnisse klären,
● verbale Angriffe versachlichen,
● Diskussionsergebnisse zusammenfassen und
● die Diskussion abschließen.

In der Praxis hat es sich als hilfreich erwiesen, für die Präsentation einen Ablaufplan zu erstellen. Er legt fest, was von wem womit getan werden soll und wie viel Zeit dafür veranschlagt wird. Außerdem kann er Anmerkungen der Präsentatoren enthalten.

Hierfür **ein Beispiel**:

Ablaufplan

was	wer	womit	Dauer	Notizen
Begrüßung	Harry		2 min.	
Anlass, Thema und Ziel	Inge	Flip 1	3 min.	Zitat: „ ... "
„Fahrplan"	Harry	Flip 2	3 min.	
...	...	...	...	...

Abb. 25 – Ablaufplan für eine Präsentation

Im Sinne eines verständlichen und lebendigen Vortrags empfiehlt es sich, eine gute Visualisierung durch Zitate, anschauliche Vergleiche, Metaphern, ... zu ergänzen. Was an welcher Stelle des zeitlichen Ablaufs passt und eingesetzt werden soll, wird im Ablaufplan vermerkt.

2.2.5 Organisation der Präsentation

Eine gute Organisation macht zwar noch keine erfolgreiche Präsentation, aber eine schlechte Organisation kann eine Präsentation zum Scheitern verurteilen. Eine umfassende organisatorische Vorbereitung berücksichtigt daher die folgenden Punkte:

- Ort/Raum,
- Medien,
- Zeitpunkt/Zeitraum/Pausen,
- Einladung,
- Unterlagen für die Teilnehmer,
- Persönliche Vorbereitung.

Vorbereitung bezüglich Ort und Raum

Zunächst ist zu überlegen, wo die Veranstaltung stattfinden kann und soll. Wenn möglich, sollte ein zentral gelegener Ort und Raum gewählt werden, um für jeden Teilnehmer den Weg so kurz wie möglich zu halten. Steht der Raum fest, sind wichtige Detailfragen zu klären, wie:

- Steht der Raum zum gewählten Zeitpunkt zur Verfügung? Wer ist für die Reservierung zuständig?

- Ist der Raum zum entsprechenden Zeitpunkt in ordentlichem Zustand? Muss eine Reinigung veranlasst werden?

- Genügt der Raum in allen Details den Anforderungen, z.B. Verdunkelungsmöglichkeiten, Temperatur, Nebengeräusche?

- Muss der Weg zum Raum beschildert werden? Wenn ja, wer ist verantwortlich?

Ein spezieller Punkt ist die Sitzordnung. Sie muss explizit organisiert werden, um vor Überraschungen sicher zu sein. Die am häufigsten gewählten Sitzordnungen sind „U- oder Halbkreis-Form" und „Kino-Bestuhlung".

U-Form
Der große Vorteil der U- oder Halbkreis-Form liegt darin, dass jeder jeden sehen kann. Die Atmosphäre wird dadurch persönlicher und die aktive Teilnahme an einer Diskussion wird erleichtert. Es ist wahlweise möglich, mit Tischen und ohne Tische zu arbeiten, je nachdem, wie die Präsentation angelegt ist. Diese Sitzordnung lässt sich allerdings aufgrund des großen Platzbedarfs i. d. R. nur für kleinere Gruppen realisieren.

Kino-Bestuhlung
Der Vorteil der Kino-Bestuhlung ist darin zu sehen, dass sie platzsparend ist und sich damit gut für Präsentationen vor großen Gruppen eignet. Diskussionen werden allerdings erschwert, da nicht jeder jeden sehen kann. Es kann sogar erforderlich sein, für den Präsentator eine Bühne aufzubauen, damit er von allen Teilnehmern (gut) gesehen werden kann. Gegebenenfalls muss auch eine Lautsprecheranlage zur akustischen Unterstützung vorgesehen werden. Auch bei dieser Sitzordnung ist es wahlweise möglich, mit Tischen zu arbeiten oder darauf zu verzichten.

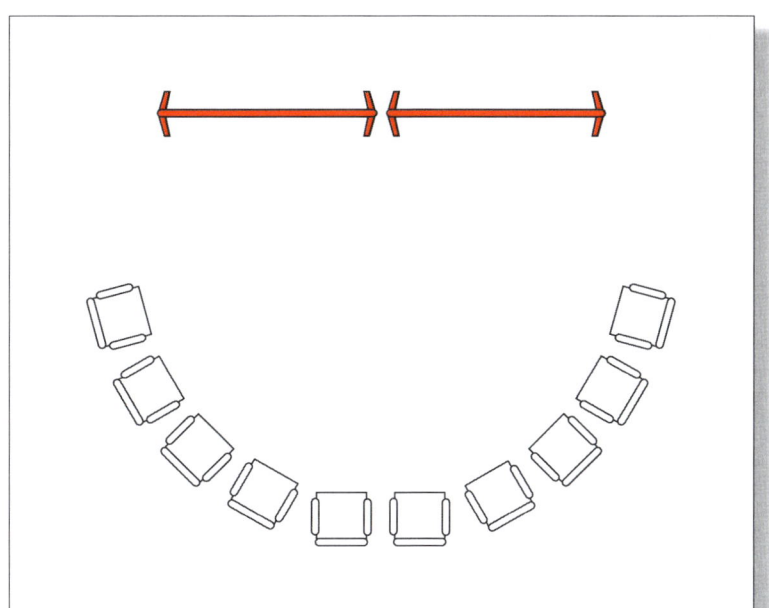

Abb. 26 – Bestuhlung in U-Form

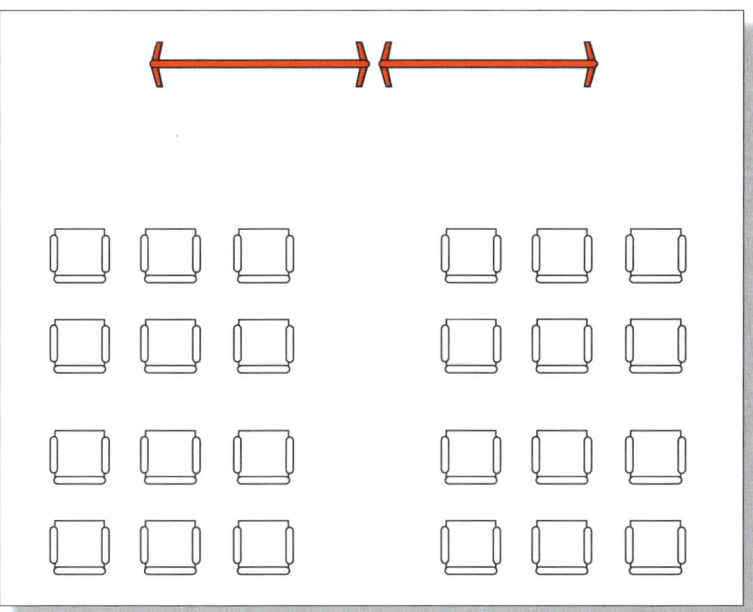

Abb. 27 – „Kino-Bestuhlung"

Vorbereitung der Medien

Die Organisation der Präsentation beinhaltet auch die sorgfältige Planung und Auswahl der Medien.

Die am meisten verwendeten Medien sind Pinnwand, Flipchart, Overheadprojektor sowie PC mit „Beamer". Eine Beschreibung dieser Medien finden Sie im **Teil 1 – Visualisieren**. Dort sind auch die Gestaltungsregeln fürs Visualisieren beschrieben. An dieser Stelle noch einige Tipps zur Handhabung:

Pinnwand
Machen Sie sich mit Ihren Pinnwänden vertraut! Stehen die Wände am Veranstaltungsort oder müssen sie dorthin gebracht werden – brauchen Sie zerlegbare Pinnwände?

Schauen Sie sich die Mechanik genau an! Sind die Füße fest verschraubt oder lösen sie sich beim Standortwechsel vom Rahmen? Sind sie fest arretiert oder müssen sie nachgezogen werden?

Halten Sie sich einige Wände in Reserve, auf die Sie notfalls zurückgreifen können. Sorgen Sie dafür, dass Pinnwandpapier, Karten und Stifte in ausreichender Menge vorhanden sind.

Flipchart
Bei der Verwendung von Flipcharts sollten Sie prüfen, wie die Füße befestigt sind, um bei einem Verrücken während der Präsentation ein „Zusammenkrachen" durch selbstständiges Lockern zu vermeiden. Auch die Spannvorrichtung für das Flipchart-Papier ist entsprechend kritisch zu würdigen.

Hat Ihr Flipchart-Ständer Seitenarme für die Befestigung zusätzlicher Bögen oder benötigen Sie weitere Befestigungsmöglichkeiten an den Wänden oder (zusätzlichen) Pinnwänden?

Overheadprojektor
Bei der Verwendung von Overheadprojektoren müssen Sie unbedingt deren Technik kennen, es sei denn, Sie hätten einen Medienbetreuer zur Verfügung.

Denken Sie auch an die Stromversorgung; gegebenenfalls muss ein Verlängerungskabel verfügbar sein.

Günstig ist es, wenn Sie bei der Nutzung eines Overheadprojektors selbst wissen, ...

- ... wo das Gerät eingeschaltet wird,
- ... wie man die Folienrolle austauscht,
- ... ob das Gerät eine Zweitlampe besitzt und wenn ja, wie das Umschalten erfolgt,
- ... wenn nein, wie die Lampe ausgetauscht wird und wo sich die Ersatzlampe befindet,
- ... ob ausreichend (Leer-) Folien und Folienstifte (wasserlöslich/wasserfest) zur Verfügung stehen.

Grundsätzlich sollten Sie unbedingt zeitig vor der Veranstaltung prüfen, ...

- ob alle erforderlichen technischen Hilfsmittel vorhanden und funktionsfähig sind,

- wer, vor allem bei Defekten, Ihr Ansprechpartner in Sachen Medien ist und

- wo Sie im Bedarfsfalle kurzfristig einen Fotokopierer benutzen können.

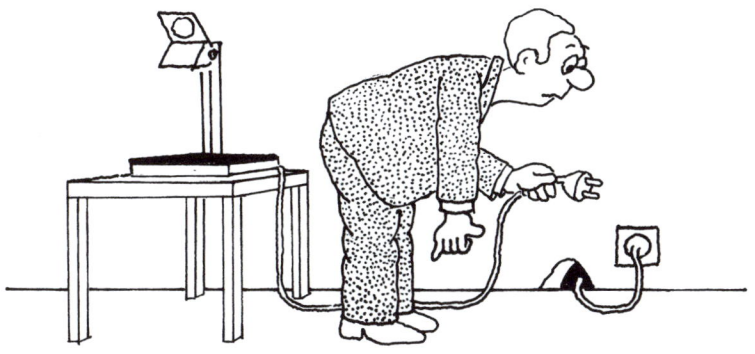

PC, Beamer & Co.

Wenn irgend möglich:

- Arbeiten Sie mit Ihrer persönlichen Ausrüstung, mit der Sie vertraut sind!

Die Technik im Elektroniksektor ändert sich „rasend schnell", so dass Sie immer nur einen Ausschnitt der Technik kennen können, die Sie am Präsentationsort vorfinden könnten. Vermeiden Sie es daher, sich mit Kompatibilitätsfragen auseinanderzusetzen und sich damit zwangsläufig auf Experimente einzulassen.

- Testen Sie Ihre Präsentationstechnik!

Führen Sie einen Test mit exakt der Soft- und Hardware-Konstellation durch, die Sie nutzen und von der Sie wissen, dass sie zuverlässig funktioniert. Gegebenenfalls leiern Sie am Veranstaltungsort einen Test mit von Ihnen erstellten Originaldateien (notfalls „Dummies") am Veranstaltungsort mit der Technik an, die Ihnen für Ihre Präsentation zur Verfügung stehen wird.

- Achten Sie darauf, dass Ersatztechnik vorhanden ist!

Bekanntermaßen passiert es, dass zwar selten, aber wenn, dann bestimmt zum ungünstigsten Zeitpunkt ...

... die Festplatte den Geist aufgibt,
... das Programm sich „aufhängt" und nicht
     wiederbelebt werden kann oder nach erfolgreicher
     Reanimation die Präsentation nicht mehr läuft,
... die Sicherung am Beamer fliegt,
... die Birne im Beamer durchbrennt.

- Machen Sie sich mit Ihrer Technik vertraut!

Tritt eine der oben genannten „Katastrophen" ein, sollten Sie – zumindest für die minder schweren Fälle – in der Lage sein, sich weiterzuhelfen: Wo war noch die Sicherung? Wie war das mit dem Wechseln der Projektionslampe? ...

Bei (sehr) kleinen Gruppen können Sie das Display Ihres PCs als „Projektionsfläche" nutzen. Ist die Gruppe so groß, dass Sie sie nicht mehr „um das Notebook herum" platzieren können, können Sie als nächste Größe einen Röhren- oder LCD-/LED-Monitor bzw. „Fernseher" nutzen.

Für große Gruppen benötigen Sie auf jeden Fall einen Beamer. Achten Sie darauf, dass das Gerät möglichst lichtstark und trotzdem leise ist (Stichwort „Lüfter") sowie eine gute Bildauflösung bietet.

Und noch eines: Sie sollten Ihre Inhalte unbedingt als ausgedruckten Foliensatz in der Tasche haben, um bei unvorhergesehenen, nicht sofort lösbaren technischen Problemen nicht buchstäblich „mit leeren Händen" dazustehen!

CCD-Mini-Farbkamera ... und was es sonst noch so gibt
Ohne hier auf alle Präsentationsmedien eingehen zu können, die (momentan) verfügbar sind, gilt: Was immer Sie an Präsentationstechnik einzusetzen gedenken/benötigen: Testen Sie Ihre „Hardware" gründlich und stellen Sie ein gutes „Krisenmanagement" sicher!

Vorbereitung bezüglich Zeitpunkt und -dauer

Unter dem Aspekt „Zeit" sind im Rahmen der Vorbereitung die folgenden drei Punkte zu bedenken:

1. Zeitpunkt

Wann soll die Veranstaltung stattfinden? Welcher Zeitpunkt ist im Hinblick auf die Zielsetzung sinnvoll?

Es empfiehlt sich, wegen des im Grunde bei jedem Menschen vorhandenen physiologischen Leistungstiefs grundsätzlich möglichst nicht in die frühen Nachmittagsstunden zu gehen!

2. Zeitdauer

Wie lange soll die Präsentation dauern?

Zeit ist, neben unserer Gesundheit, unser kostbarstes Gut. Niemand ist positiv gestimmt, wenn er den Eindruck gewinnt, dass man mit seiner Zeit sorglos umgeht. Deshalb gilt: Die Präsentation dauert so lange wie nötig und ist so kurz wie möglich!

3. Pausen

Wie viele Pausen sollten stattfinden und wann?

Längere Veranstaltungen sollten in kürzere Einheiten aufgeteilt werden. Nach spätestens 45 Minuten die erste (kurze) Pause einlegen! Falls Pausengetränke/Mahlzeiten gereicht werden sollen, ist zu überlegen, wann, wo und was. „Leichte Kost" ist in jedem Falle zu bevorzugen!

Einladung der Teilnehmer

Zu jeder Präsentation gehört eine formale Einladung. Sie enthält mindestens folgende fünf Punkte:

- Thema der Präsentation,
- Ort und Raum (ggf. Anreise-Infos),
- Zeitpunkt und Zeitdauer,
- Präsentator(en),
- Ansprechpartner für Rückfragen.

Die Einladung muss so früh wie möglich beim Empfänger **vorlie-gen**. Bei wichtigen Veranstaltungen sollten Sie in der Einladung um eine Teilnahmebestätigung bitten!

Vorbereitung bezüglich der Unterlagen für die Teilnehmer

Meistens ist es sinnvoll – gemäß dem Goethe-Zitat „... was du schwarz auf weiß besitzt, kannst du getrost nach Hause tragen" – Unterlagen für die Teilnehmer vorzubereiten, in denen die wesentlichen Aussagen der Präsentation enthalten sind. Wichtig ist hierbei, konkret zu wissen, wie sie aufbereitet sein sollen und zu welchem Zeitpunkt der Präsentation es sinnvoll ist, sie auszugeben.

Für die Erstellung beachten Sie bitte die in **Teil 1 – Visualisieren** erläuterten Gestaltungsregeln und bemühen Sie sich um eine sinnvolle, klare Gliederung im Aufbau sowie eine auf Teilnehmer und Zielsetzung ausgerichtete Aufbereitung.

Schließlich ist zu klären, ob die Unterlagen als Einzelblätter zu verschiedenen Zeitpunkten während der Präsentation oder als „gebundenes Werk" am Schluss ausgegeben werden sollen. Die Unterlagen zu Beginn der Präsentation auszuhändigen empfiehlt sich in aller Regel nicht, da dies die Spannung nimmt ...

Persönliche Vorbereitung

Verschaffen Sie sich „Heimvorteil", indem Sie sich die Räumlichkeiten, Medien usw. sehr gründlich und in aller Ruhe vorab anschauen. Lassen Sie bei dieser Gelegenheit die Präsentation (zumindest) vor Ihrem „geistigen Auge" ablaufen – was/wer steht wo, was kommt wann, was wird wann von wo geholt usw.

Lernen Sie Ihre Worte zur Eröffnung auswendig, um sich sicherer zu fühlen!

Erstellen Sie sich einen „Spickzettel". Am besten geeignet ist dünner DIN-A5-Karton, auf dem die Hauptgliederungspunkte mit den zugehörigen Überleitungen, Pausen, ... stichwortartig, groß und gut lesbar(!) stehen. Bei mehreren Seiten Seitennummerierung anbringen! Machen Sie vor wichtigen Präsentationen eine Generalprobe, zum Beispiel vor dem Kollegenkreis und/oder einem Partner.

2.3 Durchführung einer Präsentation

In der Durchführung kommt es darauf an, dass Sie Ihre Vorbereitung bestmöglich in die Tat umsetzen. Der Erfolg der Präsentation hängt ganz entscheidend von Ihnen als Präsentator ab, also von Ihrem Vermögen, Ihren Teilnehmerkreis sowohl sachlich/fachlich zu überzeugen als auch als Person für sich einzunehmen.

Die Durchführung einer Präsentation gliedert sich in die drei Hauptabschnitte:

- Eröffnung,
- Hauptteil,
- Abschluss.

Im Folgenden finden Sie für jeden dieser Abschnitte Verhaltenstipps für den Präsentator, eventuell auftauchende Störungen und Möglichkeiten, wie der Präsentator diesen begegnen kann.

2.3.1 Tipps für die Eröffnung

- Achten Sie auf ein gepflegtes, dem Anlass angemessenes Äußeres. Sie sollten sich allerdings in Ihrer Kleidung wohlfühlen.

- Stimmen Sie sich positiv ein – denken Sie an etwas Angenehmes.

- Beginnen Sie pünktlich (9:00 Uhr ist nicht 9:07 Uhr oder 9:15 Uhr).

- Bevor Sie zu sprechen beginnen, nehmen Sie Blickkontakt zu Ihren Zuhörern auf. Dadurch fühlen sich Ihre Teilnehmer bereits angesprochen.

- Wählen Sie sich für den Blickkontakt dann eine(n) „Plus-Frau/Mann", d. h. jemanden, der Ihnen vertraut ist – das gibt zusätzlich Sicherheit. Beziehen Sie jedoch (nach und nach) den gesamten Teilnehmerkreis ein.

- Beginnen Sie laut und deutlich zu sprechen: Begrüßung, Vorstellung, Thema, Anlass und Ziel, „Fahrplan", Einstieg in den Hauptteil, ...

Mögliche Störungen:

- Es herrscht (große) Unruhe.

  Sprechen Sie die Teilnehmer laut an und bitten Sie um Auf-
  merksamkeit. Sollten Sie mit Ihrer Stimme „nicht durch-
  dringen", machen Sie durch ein Geräusch auf sich auf-
  merksam, klatschen Sie etwa in die Hände.

- Teilnehmer kommt/kommen zu spät.

  Lassen Sie sich nicht aus der Ruhe bringen! Eine kurze Be-
  grüßung durch Blickkontakt ist in der Regel völlig ausrei-
  chend.

- Teilnehmer stellt/stellen Fragen.

  Kommen Fragen zu Ablauf, Thema und inhaltlichem Ver-
  ständnis, so gehen Sie darauf gezielt ein.
  Scheinen die Fragen an dieser Stelle unangemessen oder
  störend, können Sie durch einen ruhigen und freundlichen
  Verweis auf später die Frage(n) zurückstellen und eventuell
  damit verbundene Aggressionen und Vorbehalte abbauen.
  Aber Vorsicht! Zurückgestellte Fragen müssen später auch
  aufgegriffen und beantwortet werden! Freilich nicht jeder
  „Unsinn".

2.3.2 Tipps für den Hauptteil

- Sprechen Sie „frei", d. h. mit Unterstützung Ihres „Spickzettels".

- Beginnen Sie mit der Vorstellung der Grobgliederung dieses Teils der Präsentation. Zum Beispiel mit dem auf Flipchart visualisierten Überblick.

- Setzen Sie Ihre Stimme gezielt ein. Variieren Sie in Lautstärke, Sprechtempo und Stimmlage, um zum Beispiel:
  - wesentliche Punkte hervorzuheben,
  - Sinnzusammenhänge zu verdeutlichen,
  - die Aufmerksamkeit zu konzentrieren.

- Bilden Sie kurze verständliche Sätze mit gezielten **Pausen**.

- Verwenden Sie geläufige Worte; wenn Sie nicht vor Fachleuten sprechen, gehen Sie äußerst vorsichtig mit Fachjargon um.

- Versuchen Sie nicht, Ihren Dialekt zu verleugnen, besonders unter Landsleuten; der Maßstab ist Verständlichkeit. Stellen Sie sich auf Ihren Teilnehmerkreis ein.

- Vermeiden Sie verschleiernde Redewendungen wie „man", „würde sagen", „würde meinen" etc.

- Schränken Sie Ihre Gestik nicht bewusst ein.

- Intensivieren Sie Ihre Gestik, wenn Sie Aufmerksamkeit gewinnen wollen.

- Filzstifte, Zeigestäbe etc. nicht zum Spielen benutzen, sondern nur zum Arbeiten.

- Zeigen Sie direkt mit der Hand, nicht mit Gegenständen, es sei denn, dass ein Zeigestab erforderlich ist.

- Gliedern Sie Ihren Vortrag durch Fragen, um die Aufmerksamkeit der Teilnehmer zu aktivieren.

Mögliche Störungen:

● Sie versprechen sich

Fahren Sie fort zu reden bzw. korrigieren Sie sich, um Missverständnisse zu vermeiden – entschuldigen Sie sich aber nicht.

● Bestimmte Begriffe fallen Ihnen nicht ein

Umschreiben Sie, was Sie sagen wollen, oder beginnen Sie nochmals durch kurze Zusammenfassung des bisher Gesagten.

● Teilnehmer stellen Fragen

Hier gilt das bereits unter „Tipps für die Eröffnung" Gesagte. Auf Verständnisfragen gehen Sie ein, denn sie zeigen, dass die Teilnehmer bei der Sache sind, Ihre Ausführungen möglicherweise aber nicht für alle gleichermaßen verständlich waren. Nicht zum Thema gehörige Fragen stellen Sie freundlich, aber bestimmt mit dem Hinweis zurück, dass sie an entsprechender Stelle – spätestens bei der Abschlussdiskussion – behandelt werden.

● Teilnehmer führen Seitengespräche

Versuchen Sie durch Blickkontakt die Aufmerksamkeit der Teilnehmer zurückzugewinnen. Wenn das Gespräch die Präsentation stört, sprechen Sie die Störung an und fragen Sie die Betreffenden zum Beispiel: „Ist Ihre Frage für alle interessant? Sollten wir jetzt darüber sprechen?"

● Es kommen „Killerphrasen"

Auf Killerphrasen (z.B. „Das ist in der Praxis doch nicht machbar") sollten Sie nicht direkt eingehen, da es ja nicht um einen sachlichen Beitrag geht. Ihre Antwort könnte sein: „Wir können gerne in der Pause oder in der Abschlussdiskussion darüber sprechen."

● Es entstehen technische Pannen

Verzichten Sie, wenn möglich, auf das entsprechende Hilfsmittel oder bitten Sie um eine kurze Pause und bereinigen Sie das Malheur.

Und nun ergänzend einige
Tipps zum Umgang mit Medien:

Pinnwand und Flipchart

- Achten Sie darauf, dass nur die Visualisierung im Blickfeld steht, über die Sie sprechen – andere nicht zum Punkt gehörige Darstellungen lenken die Teilnehmer ab.

- Achten Sie auch darauf, dass möglichst alle Anwesenden die Visualisierung gut sehen können.

- Wenden Sie sich beim Erklären den Teilnehmern zu, sprechen Sie nicht zur Darstellung.

- Stellen Sie sich neben Pinnwand bzw. Flipchart und zeigen Sie mit der dem Medium zugewandten Hand.

- Benutzen Sie die Visualisierung als „roten Faden" für Ihre Ausführungen.

Overheadprojektor

- Schalten Sie das Gerät erst ein, wenn Sie es brauchen, und sofort aus, wenn Sie es nicht mehr benötigen.

- Stehen Sie nicht im Bild.

- Zeigen Sie, wenn möglich, mit der offenen Hand direkt an der Projektionsfläche, als stünden Sie an einer Pinnwand.

- Ist die Projektionsfläche „über Kopf", zeigen Sie auf der Folie und halten Sie Blickkontakt zum Publikum.

- Wenn Sie auf der Folie zeigen, zeigen Sie z.B. mit einem spitzen Bleistift, nicht mit dem Finger.

- Lassen Sie den Stift liegen, während Sie über den entsprechenden Punkt sprechen.

- Kleben Sie das Kabel am Boden fest (Stolpergefahr!).

- Halten Sie den Computer im Standby-Modus, so dass er jederzeit sofort einsatzbereit ist.

- Deaktivieren Sie den Bildschirmschoner.

- Schalten Sie den Energiesparmodus ab.

- Steuern Sie die Präsentation nicht per Maus, sondern über eine Funk-Fernbedienung, so dass Sie nicht immer am Gerät stehen oder ständig zwischen PC und Projektionsfläche „hin-und-her-wandern" müssen.

- Wenn Sie nicht an der Projektionsfläche stehen und zeigen können, zeigen Sie mit einem Laserpointer.

- Nutzen Sie die Möglichkeit, das Bild auf Notebook und Beamer zu sehen (auf jedem Laptop einstellbar), damit Sie nicht immer zur Projektionsfläche schauen müssen.

- Wenn Sie Filmsequenzen zeigen wollen, prüfen Sie vorab, ob die Grafikkarte Ihres Notebooks für die Doppeldarstellung (Beamer und PC) ausgelegt ist. Notfalls verzichten Sie auf das Bild am PC-Monitor.

- Wenn Sie Ton brauchen, bringen Sie Ihre Lautsprecher mit oder testen Sie die Anlage vor Ort vorab!

- Packen Sie Kabel und Adapter ein, vor allem, wenn Sie ins Ausland fahren.

- Bringen Sie in Erfahrung, wer gegebenenfalls für technischen Support zur Verfügung steht und, wenn möglich, ob diese Person im Ernstfall auch weiterhelfen kann.

Und noch etwas; klingt banal, ist es aber nicht: Vermeiden Sie Stolperstellen durch Kabel!

2.3.3 Tipps für den Abschluss

- Fassen Sie zum Schluss die wesentlichen Punkte Ihrer Ausführungen nochmals zusammen – fassen Sie sich aber (extrem) kurz.

- Bringen Sie jetzt einen Appell, wenn Sie die Teilnehmer zu konkretem Tun auffordern wollen; bieten Sie aktive Unterstützung an, wenn die Teilnehmer etwas Neues umsetzen sollen.

- Vermeiden Sie nichtssagende Schlussformeln wie „damit bin ich am Ende", „kommen wir zum Schluss".

- Formulieren Sie als Abschluss einen persönlichen Dank für die Teilnahme.

- Bei einer abschließenden Diskussion legen Sie nun Zielsetzung und Zeitrahmen fest und übergeben das Wort gegebenenfalls an den Diskussionsleiter.

Mögliche Störungen

- Es kommen unsachliche Beiträge

Als Diskussionsleiter nehmen Sie jeden Beitrag ernst und tragen so zu einer sachlichen Diskussion bei. Sie fragen nach, um herauszufinden, was der Teilnehmer wirklich will. Werden Sie konkret! Vorsicht, auch wenn Sie sich persönlich angegriffen fühlen – bleiben Sie sachlich, aber nicht „cool"!

- Ein Teilnehmer drängt sich mit seinen Beiträgen in den Vordergrund

Achten Sie darauf, Ihre Aufmerksamkeit nicht nur einem Teilnehmer zu widmen. Beziehen Sie weitere Teilnehmer mit ein, indem Sie Fragen stellen!

2.4 Nachbereitung der Präsentation

Die Präsentation endet nicht mit dem Verlassen des Vortragsraumes, sondern mit der systematischen Nachbereitung.

Sie haben jetzt die Chance, aus konkreten Erlebnissen zu lernen und Ihre Präsentationstechnik und Ihr Präsentationsverhalten zu verbessern. Lassen Sie die Präsentation nun nochmals vor Ihrem geistigen Auge ablaufen und überlegen Sie, was in den einzelnen Phasen gut gelungen ist und was beim nächsten Mal anders gestaltet werden soll. Haben Sie im Team gearbeitet, sollte diese Rückschau auch im Team stattfinden.

Stellen Sie sich zur Nachbereitung folgende Fragen und halten Sie die Antworten stichwortartig fest:

- Ist die Zielsetzung erreicht worden? Wenn nicht, woran hat es gelegen?

- Stimmte die Auswahl der Teilnehmer?

- Entsprach die inhaltliche Aufbereitung der Präsentation den Bedingungen der Zielgruppe?

- Hat sich der Ablauf bewährt? Wenn nein, in welchen Punkten müsste er abgeändert werden?

- Ist die Eröffnungsphase gelungen? Wenn nein, was muss verbessert werden?

- Wie war es im Hauptteil – gab es kritische Situationen? Wenn ja, welche und wie ist es gelungen, sie zu meistern – was muss besser werden?

- Wie ist der Abschluss gelungen – wie die Diskussion? Gibt es etwas zu verbessern?

- War die Organisation gut? Wenn nein, worauf ist vor der nächsten Präsentation zu achten?

- War der Einsatz der Medien in Ordnung? Gab es Pannen – welche und wie kamen Sie damit zurecht? Was muss bei der nächsten Präsentation anders sein?

- Wie war die Beziehung, der Kontakt zwischen den Präsentatoren? Muss daran gearbeitet werden?

- Wie war der Kontakt zu den Teilnehmern? Wenn er nicht gut war, woran hat es gelegen? Was muss beim nächsten Mal anders sein?

Wenn Sie die Nachbereitung im Team durchführen, so ist es sinnvoll, wenn Sie sich vorher einige Gedanken zu konstruktivem Kritikverhalten (Feedback) machen.

Ziel von Feedback ist es, dass die Beteiligten ...

... sich ihrer Verhaltensweisen bewusst werden,
... einschätzen lernen, wie ihr Verhalten auf andere wirkt,
... sehen, was sie bei anderen auslösen.

Feedback hilft also, die Beziehung zum anderen zu klären, den anderen und sich selbst besser kennenzulernen und besser zu verstehen.

Wie soll Feedback aussehen?

Feedback soll bestimmten „Güte"-Kriterien genügen, um hilfreich zu sein; es soll sein:

- beschreibend – nicht bewertend oder interpretierend,
- konkret – nicht verallgemeinernd, nicht pauschal,
- realistisch – nicht utopisch,
- unmittelbar – nicht verspätet,
- erwünscht – nicht aufgedrängt.

Regeln für das Geben von Feedback

- Geben Sie Feedback, wenn es hilfreich sein kann

Feedback will helfen, Kommunikationsstörungen zu beseitigen. Verzichten Sie nicht auf Feedback „um des lieben Friedens willen". Richtiges Feedback fördert die Kommunikation.

Vermeiden Sie es, sich durch unqualifiziertes Feedback Feinde zu schaffen. Setzen Sie die Technik des Feedback nie um persönlicher Vorteile willen ein. Feedback darf nicht verletzend sein. Feedback ist nicht Meckern, Schimpfen, Beleidigen. Feedback muss konstruktiv sein, um hilfreich sein zu können.

● Geben Sie Feedback unmittelbar/beziehen Sie sich auf **konkrete** Einzelheiten

Feedback muss nachvollziehbar sein, dies ist am leichtesten, wenn das Ereignis möglichst konkret beschrieben wird und die Zeit zwischen Ereignis und Rückmeldung möglichst kurz ist. Es kann aber auch aufgrund der momentanen Situation sinnvoll sein, die Rückmeldung aufzuschieben.

● Relativieren Sie

Die Art der Rückmeldung muss dem Partner die Möglichkeit geben, das Feedback anzunehmen. Formulieren Sie deshalb bewusst subjektiv. Sprechen Sie von Ihren Beobachtungen, Eindrücken ... und niemals für andere.

Regeln für das Annehmen von Feedback:

● Lassen Sie Ihren Gesprächspartner unbedingt aussprechen

Sie können nicht wissen, was der andere sagen will, bevor er zu Ende gesprochen hat. Sie können es bestenfalls vermuten. Nehmen Sie sich Zeit zuzuhören.

● Verteidigen Sie sich nicht/stellen Sie nichts klar

Seien Sie sich bewusst, dass ein anderer nie beschreiben kann, wie Sie sind, sondern immer nur, wie Sie auf ihn wirken. Diese „Für-Wahrnehmung" ist aber durch keine „Klarstellung" revidierbar. Sie können aber daraus lernen, wenn Sie dies möchten. Versuchen Sie zu verstehen, was der Partner meint, stellen Sie ggf. Verständnisfragen.

● Danken Sie für Feedback

Seien Sie dankbar für jedes Feedback (auch wenn es nicht in der richtigen Form gegeben wurde), es hilft Ihnen, sich selbst und Ihre Wirkung auf andere Menschen kennenzulernen und so kompetenter und sicherer in Ihrem Auftreten zu werden. Darüber hinaus erfahren Sie stets etwas über die Vorurteilsstruktur (Erwartungshaltungen) Ihrer Partner.

Und noch etwas: Feedback ist immer ein Angebot! Sie können daraus Lehren ziehen, Sie müssen dies aber nicht, denn:

> **Niemand ist auf der Welt, um so zu sein,**
> **wie andere ihn gerne hätten!**

3 Moderieren

3.1 Moderation – was ist das eigentlich?

Den Begriff „Moderation" findet man im Bereich Unterhaltung, wo der Moderator als „Entertainer" im Wesentlichen die Aufgabe hat, zwischen den inhaltlichen Teilen einer Veranstaltung „rhetorische Brücken" zu bauen (Unterhaltungsmoderation), im Bereich Information/Journalismus, wo der Moderator als „Host" in Veranstaltungen mit Gästen versucht, für ein Publikum Informationen zu generieren (Information-/Eventmoderation), sowie im Rahmen von Problembearbeitungsprozessen im privatwirtschaftlichen und im öffentlichen Bereich (Businessmoderation). Dort hat der Moderator als „Facilitator" die Aufgabe, den Prozess zu leiten, in dem partizipativ Probleme bearbeitet bzw. gelöst werden sollen.

Der Kern der Aufgabe des Moderators lässt sich für alle Arten der Moderation aus der Wortbedeutung des lateinischen „moderatio" ableiten. Demnach steht moderieren einerseits für lenken, leiten und andererseits für mäßigen, „die Mitte finden".

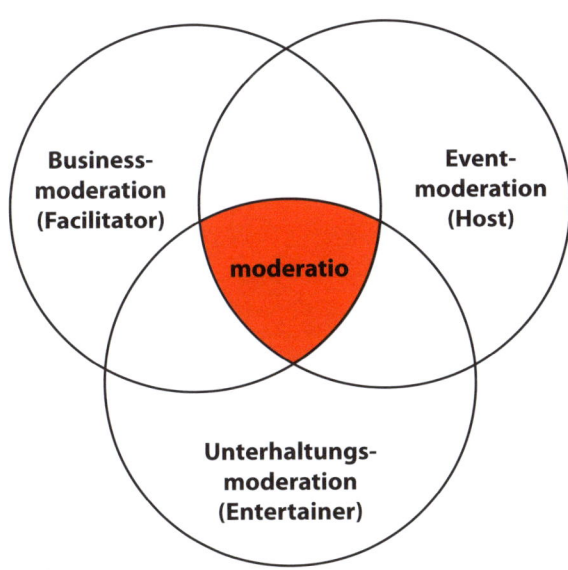

Abb. 28 – Arten der Moderation

Moderation im Sinne der Businessmoderation ist immer dann besonders wertvoll, wenn die Gruppe, die sich trifft, ausreichend „Freiheitsgrade" hat, wenn das Treffen den Beteiligten also die Möglichkeit gibt, Einfluss zu nehmen und relevante Entscheidungen bezüglich ihres Themas zu treffen.

Abbildung 29 zeigt den Übergang von Präsentation zu Moderation und damit – in Anlehnung an das Delegationskontinuum nach Douglas McGregor – den „Partizipationsgrad" der Gruppe:

Partizipationsgrad

Es ist bereits entschieden		Wir werden besprechen
nichts	**Moderation**	alles
dass etwas getan werden soll		was getan werden soll
was getan werden soll		von wem was, (bis) wann, zu erledigen ist
von wem was, (bis) wann, zu erledigen ist		wie die Aufgaben erledigt werden sollen
von wem was, (bis) wann, wie zu erledigen ist		welche Konsequenzen dies für Sie hat
alles	**Präsentation**	nichts

Abb. 29 – Partizipationsgrad

Vor allem im betrieblichen Alltag wird Moderation und hier insbesondere die Businessmoderation immer bedeutender. Meetings, Workshops, Großgruppen-Veranstaltungen werden von einem Moderator geleitet. Moderiertes Web-Conferencing* ergänzt persönliche Treffen. Die Methodik für die Businessmoderation wird als **„Moderationsmethode"** oder „Six-Steps-Moderation" bezeichnet. Sie ist gekennzeichnet durch …

- eine spezifische Grundhaltung des Leiters/Moderators,
- die Arbeit nach einer bestimmten Methodik,
- die Verwendung spezieller Hilfsmittel und Materialien.

Eine komplette Moderation nach dem Strukturmodell der Businessmoderation, dem „Moderationszyklus" (vgl. Seite 100) kann, etwa in einem Workshop, einige Tage in Anspruch nehmen, aber auch, beispielsweise in einem kurzen Meeting, schon innerhalb einer Stunde abgeschlossen sein.

* vgl. Seifert/Kerschbaumer, Online-Moderation, GABAL Verlag

„Das ist Phase 7, ich muss zum Zug!"

3.2 Der Moderator

Der Moderator ist der Leiter einer Gruppe. Sein Stil, die Gruppe zu leiten, ist gekennzeichnet durch eine ganz spezifische Grundhaltung, die er besitzt oder um die er sich sehr bemüht: Er versteht sich als Helfer, um nicht zu sagen Diener der Gruppe. Aus diesem Grundverständnis heraus sagt er nicht, was (aus seiner Sicht) richtig oder falsch zu tun oder zu unterlassen ist, sondern hilft der Gruppe, eigenverantwortlich zu arbeiten, d. h. die Lösungen für ihre Fragen oder Probleme selbst zu finden und gegebenenfalls geeignete Maßnahmen zur Problemlösung zu beschließen. Er weiß, dass er nicht alles (besser) weiß!

> *»Lass dir aus dem Wasser helfen*
> *oder du wirst ertrinken«,*
> *sprach der freundliche Affe*
> *und setzte den Fisch sicher auf einen Baum.*

Der Moderator ist Methodenspezialist, nicht aber inhaltlicher Experte. Seine Aufgabe ist es, dafür zu sorgen, dass die Gruppe arbeitsfähig wird und bleibt. Er trägt dafür Verantwortung, dass die Gruppe ein Ergebnis erarbeiten kann, nicht für dessen inhaltliche Qualität. Neben der reinen Technik/Methodik der Moderation, die in den folgenden Kapiteln ausführlich dargestellt wird, muss der Moderator den Gruppenprozess steuern. Hierfür an dieser Stelle die wichtigsten ...

Merkpunkte

- **Seien Sie sich Ihrer Wirkung bewusst!**

  Da man sich (nach Paul Watzlawick), solange man lebt, nicht **nicht** verhalten kann und jedes Verhalten wirkt, hat auch der Moderator (ebenso wenig wie Eltern, Vorgesetzte ...) nicht die Wahl, **ob** er wirkt oder nicht, sondern nur die, **wie** er wirkt.

  Er beeinflusst über das „Wie" seines Verhaltens das Gruppengeschehen. Sein Verhalten hat Regelcharakter. Er wird Teilnehmern – im positiven wie im negativen Sinn – Vorbild sein und darüber auf die Atmosphäre in der Gruppe (und über die Gruppe hinaus?!) wirken.

● **Sie sind Experte für die Methodik, nicht für den Inhalt!**

Der Moderator hat, auch wenn er inhaltliche Kenntnisse besitzt, keine eigene Meinung zum Thema. Er hält sich inhaltlich ganz bewusst zurück, um den Gruppenmitgliedern einen möglichst großen Freiraum zur inhaltlichen Arbeit zu geben.

Die Methoden, die der Moderator für die Arbeit mit den Teilnehmern einsetzt, hat er speziell für diese Moderation gemäß deren Zielsetzung vorgedacht (siehe auch „Moderationsplan", Seite 95f.). Vor jedem Moderationsschritt erklärt er der Gruppe sein methodisches Vorgehen **und holt dafür deren Einverständnis ein**.

Der Moderator leitet die einzelnen Arbeitsschritte durch präzise formulierte **und visualisierte** Fragen ein und führt die Gruppe auch im weiteren Verlauf der Arbeit (vor allem) durch Fragen. Fragen, die von den Teilnehmern an ihn gestellt werden und sich nicht auf das methodische Vorgehen, sondern auf Inhalte beziehen, gibt er unmittelbar an die Gruppe weiter. Teilnehmerbeiträge werden vom Moderator weder kommentiert noch bewertet. Er bemüht sich um eine möglichst neutrale Haltung.

Moderation will Betroffene zu Beteiligten machen. Der Moderator wird sich deshalb stets darum bemühen, alle Gruppenmitglieder aktiv in die Arbeit einzubeziehen.

● **Sorgen Sie für Rollentransparenz!**

Im Tagesgeschäft wird es häufig so sein, dass Sie eine „Doppelrolle" innehaben: Einerseits sind Sie Vorgesetzter, Projektleiter oder auf andere Weise in den Inhalt des Meetings involvierter **Teilnehmer** und andererseits sind Sie neutraler **Moderator.** Trennen Sie diese Rollen möglichst sauber und machen Sie stets deutlich, aus welcher Rolle heraus Sie agieren. Sie vermeiden damit Konfusion bei sich und der Gruppe und gewinnen an Akzeptanz und Sicherheit. Sagen Sie immer dazu, aus welcher Sicht Sie gerade argumentieren; als Teilnehmer also etwas wie: „Für mich als Projektleiter ist es zentral, dass …" oder „Aus der Rolle des Einkaufleiters heraus ist es mir wichtig, dass wir auch den Aspekt … aufnehmen" und als Moderator: „Wie sollen wir das notieren?", „Was meinen die anderen dazu?", „Was ist aus Ihrer Sicht noch wichtig?"

● Moderieren Sie – wenn möglich – zu zweit!

Die Moderation im Team ermöglicht es, die Aufgaben des Moderators aufzuteilen, z.B. in Leiten der Diskussion und Visualisieren der Teilnehmerbeiträge. Dies erleichtert sowohl die inhaltliche und methodische Arbeit als auch die Konzentration auf das Gruppengeschehen.

Um gut moderieren zu können, muss sich ein Moderator stets bemühen, die Beiträge des Einzelnen und die Inhalte insgesamt zu verstehen. Dabei bildet er sich „automatisch" und ohne, dass er es verhindern könnte, (s)eine Meinung zum Problem und dessen Lösung. Es ist daher stets die Gefahr gegeben, dass er sich inhaltlich „einmischt", seine Neutralität verliert und Teil der Gruppe (des Systems) wird.

Die Gefahr, Partei für Meinungen oder/und Personen zu ergreifen, ist bei der Moderation im Zweierteam deutlich geringer, weil die Moderatoren sich in diesem Falle gegenseitig kontrollieren und gegebenenfalls „zurückholen" können.

Beim Arbeiten als Moderatorenteam ist es wichtig, dass sich die beiden Partner gründlich auf die Veranstaltung vorbereiten und sich in ihrem Vorgehen abstimmen. Zudem wirken zwei Moderatoren belebend auf die Gruppe, vor allem dann, wenn diese sich in ihrer persönlichen Art ergänzen.

Schwierige Moderationen, wie etwa Moderation großer Gruppen, konfliktträchtiger Themen, Lernstatt-Arbeit, Lean-Sitzungen usw., sollten Sie in jedem Falle im Team durchführen.

● Die Ausnahme bestätigt die Regel!

Regeln sind „geronnene Erfahrung". Sie sollen Hilfestellung geben. Wenn eine Regel in der aktuellen Situation nicht hilfreich ist, verliert sie für diese Lage ihre Existenzberechtigung. Mit anderen Worten: Halten Sie nicht sklavisch an den Regeln der Moderation fest, sondern ignorieren Sie diese im Bedarfsfall.

Weitere Hinweise zur Prozesssteuerung finden Sie im Kapitel „Prozesssteuerung in der Moderation" (S. 153ff.)!

3.3 Vorbereitung einer Moderation

Der Erfolg einer Moderation hängt ganz entscheidend von deren Vorbereitung ab! Für eine gründliche Arbeit sollte man die folgenden vier Aspekte berücksichtigen:

- inhaltliche Vorbereitung,
- methodische Vorbereitung,
- organisatorische Vorbereitung,
- persönliche Vorbereitung.

In der Praxis ist es natürlich nicht immer möglich, sich umfassend vorzubereiten. Trotzdem oder gerade deshalb sollte der Vorbereitung so viel Aufmerksamkeit wie möglich geschenkt werden, um sich keine Chance für eine erfolgreiche Veranstaltung entgehen zu lassen.

Als ersten Schritt einer Moderation sollte man sich unbedingt noch vor der eigentlichen Vorbereitungsarbeit fragen: Werde ich von der zu moderierenden Gruppe als Moderator akzeptiert werden? Gegen die notwendige Akzeptanz könnte sprechen, dass der Moderator, zumindest aus Sicht der Teilnehmer, ...

... nicht ausreichend neutral ist/sein kann;
... nicht erfahren genug ist, um dieses schwierige,
heikle,... Thema zu moderieren;
... nicht auf der entsprechenden hierarchischen
Ebene angesiedelt ist, dass man bereit wäre,
vor ihm offen über ... zu sprechen.

Wenn zu befürchten ist, dass es an Akzeptanz mangeln wird, sollte man sich gut überlegen, was man (vorab) konkret tun kann, um diese zu schaffen. Im Zweifelsfalle könnte z.B. ein kurzes Gespräch mit (den) Teilnehmern geführt werden. „Notfalls" würde der Moderator die Aufgabe nicht wahrnehmen!

Die Alternative ist immer ein externer Moderator, der entsprechend erfahren und per se neutral ist. Je „heikler" die Veranstaltung, desto ernsthafter sollte diese Möglichkeit geprüft werden. Erst nach möglichst sorgfältiger Klärung dieser Frage sollten die eigentlichen Vorbereitungsaktivitäten beginnen, sollte sich der Moderator über Inhalte, Methodik und Organisation der Veranstaltung sowie über seine persönliche Vorbereitung Gedanken machen.

3.3.1 Inhaltliche Vorbereitung

Der Moderator ist zwar neutral, er hat „keine Meinung" zu den Inhalten der Moderation, er leitet die Gruppensitzung jedoch (vor allem) durch Fragen. Fragen kann man aber bekanntlich nur stellen, wenn man schon etwas weiß. Deshalb ist es für den Moderator unbedingt notwendig, etwas von der Sache zu verstehen, um die es in der Moderation geht. Er muss und sollte nicht inhaltlicher Experte sein, muss sich aber in die Sache hineindenken können. Es kann also durchaus hilfreich und sogar notwendig sein, dass sich der Moderator vorab mit den Inhalten/Themen beschäftigt, die bearbeitet werden sollen.

3.3.2 Klären der Zielsetzung

Zur Planung einer Moderation müssen zumindest das Gesamtthema und die Gesamt-/Grobzielsetzung formuliert werden, um, darauf aufbauend, ein geeignetes methodisches Konzept entwerfen zu können.

> *»Wenn ich nicht weiß, wohin ich will, brauche ich mich nicht zu wundern, wenn ich ganz woanders ankomme!«*

Sind Einzelthemen bereits vorab festgelegt (z.B. Tagesordnungspunkte für eine Besprechung), so ist das Ziel **für jedes** der verschiedenen Themen zu formulieren.

3.3.3 Vorbereitung auf die Teilnehmer

Das zentrale „Element" einer Moderation sind die Teilnehmer, die zusammenkommen, um Themen zu bearbeiten, von denen sie in irgendeiner Form betroffen sind. Die Zusammenkunft wird also von den Teilnehmern geprägt werden. Deshalb ist es wichtig, zur Vorbereitung der Veranstaltung zu wissen, wer dabei sein wird, und sich zu fragen ...

- Wie ist die Gruppe zusammengesetzt? Wer ist mit dabei?
- Welches Interesse hat der Einzelne teilzunehmen?
- Welche Einstellung hat er zum Thema?
- Welche Einstellung hat er zu mir als Moderator?
- Welche Schwierigkeiten, welche Konflikte könnten auftreten?
- Welche Erfahrungen haben die Teilnehmer mit der Methode?
- Welche Vorinformation haben sie?

Es kann dann notwendig sein, sich entsprechende methodische Schritte zu überlegen, um optimal auf die Teilnehmer vorbereitet zu sein und diese dort „abzuholen, wo sie stehen". So könnte sich der Moderator etwa ...

... besonders viel Zeit für den Einstieg einplanen, wenn die Gruppe noch keine Erfahrung mit der Moderationsmethode hat und er befürchten muss, dass dies zu Hemmnissen oder gar Ablehnung führen könnte.

... einen Vorschlag zur Einführung von „Spielregeln für die gemeinsame Arbeit" überlegen, wenn das Thema für die Teilnehmer besonders konfliktträchtig ist.

3.3.4 Methodische Vorbereitung

Erstellen eines Moderationsplans

Jedes Vorplanen einer Moderation ist ein Planen des Unplanbaren, d. h., dass der Moderator nicht schon im Voraus wissen kann, was in der Gruppe geschehen wird. Da Moderation aber ein stark methodenorientiertes Vorgehen ist, steht und fällt die Moderation mit der Methodik. Es ist deshalb besonders wichtig, sich methodisch gut vorzubereiten.

Dies bedeutet, dass der Moderator für jeden Moderationsschritt möglichst genau plant, was Ziel dieses Abschnitts ist, welche Methoden er einsetzen will, um es zu erreichen, und welche Hilfsmittel er dazu braucht. Er wird den Zeitbedarf abschätzen und, falls er einen Co-Moderator hat, mit diesem abstimmen, wer welche Aufgaben übernehmen wird.

Sind Einzelthemen bereits bekannt, so ist **für jedes Thema** ein mögliches Vorgehen vorzubereiten. Für wichtige/schwierige/... Sitzungen empfiehlt es sich sogar, Alternativen auszuarbeiten und bereitzuhalten.

Ein gutes Hilfsmittel für die methodische Planung einer Moderation ist ein „Moderationsplan", wie ihn Abb. 30 auf Seite 96 zeigt. Wenn das Planen im Vorfeld nicht möglich ist, muss die Moderationsplanung simultan, also während der Gruppenarbeit, ggf. gemeinsam mit den Teilnehmern, vorgenommen werden!

Vorbereiten der Visualisierung(en)

Die zentrale Technik der Moderation ist – neben der Fragetechnik – die Visualisierung. Hierzu muss in aller Regel vorbereitend schon etwas getan werden. Der Moderator entscheidet, welche Plakate, Flipcharts, Karten, ... er, entsprechend der gewählten Vorgehensweise, vorab vorbereiten kann bzw. muss, vermerkt dies in seinem Moderationsplan und bereitet die benötigten Visualisierungen vor.

Moderationsplan für ...

Schritt	Ziel	Methodik	Hilfsmittel	Zeit	Moderator
gesamte Mode- ration	Wir haben erste Maßnahmen zur Verkürzung unserer Lieferzeiten beschlossen.	gesamter Moderationszyklus	1 Moderationskoffer 5 Pinnwände 1 Flipchart + Visualisierungen	ca. 3½ Std.	Team: A + B
1 Einstieg	Das Organisatorische ist geklärt, erste Statements zum Thema sind ausgetauscht.	Einstiegsblitzlicht	vorbereitetes Plakat visualisiertes Raster visualisierte Frage	15'	A eröffnet B stellt Frage vor ...
2 Sammeln	Wir kennen die Aspekte, über die aus Sicht der Gruppe gesprochen werden muss.	Karten-Abfrage	vorbereitetes Plakat visualisierte Frage Reservewände	20'	B steuert A schreibt
3 Auswählen	Die Bearbeitungs- reihenfolge ist festgelegt.	Mehr-Punkt-Abfrage	vorbereitetes Plakat Themenspeicher	10'	A mode- riert Mehr- Punkt- Abfrage
4 Bearbeiten	Wir haben Ansatzpunkte zur Problemlösung gefunden.	Situative Entscheidung: Zwei-Felder-Tafel oder Problem-Analyse- schema	vorbereitete Plakate Problem-Analyse- Schema und Ursachen-Wirkungs- Diagramm	90'	B steuert A schreibt
5 Planen	Es sind Maßnahmen zur Verbesserung der Situation formuliert.	Maßnahmenplan	vorbereitetes Plakat Maßnahmenplan	60'	A steuert B schreibt
6 Abschluss	Wir haben den Prozess reflektiert und die Moderation offiziell abgeschlossen.	Abschlussblitzlicht	vorbereitetes Plakat Barometer visualisierte Frage	20'	B fasst zusammen A ver- abschiedet

Abb. 30 – Beispiel für einen Moderationsplan

3.3.5 Organisatorische Vorbereitung

Der Umfang der organisatorischen Vorbereitung hängt von der Gruppe, vom Thema, der Zielsetzung, der gewählten Vorgehensweise und der Dauer des Treffens ab. Im Rahmen der Vorbereitung müssen folgende Fragen abgehakt werden:

- **Zeitpunkt/Zeitrahmen**

    ✓ Wann soll das Treffen stattfinden?
    ✓ Wie lange soll es dauern?
    ✓ Wie viele Pausen sind einzulegen und wann?

- **Ort und Raum**

    ✓ Wo soll das Treffen stattfinden (intern/extern)?
    ✓ Wie viele Räume werden benötigt (Plenum und Gruppenräume)?
    ✓ Wie groß müssen die Räume sein (min. 6 qm je TN)?
    ✓ Sind die benötigten Medien und Hilfsmittel vorhanden oder müssen sie angeliefert werden?
    ✓ Sind die Räume und ggf. Medien für den gewünschten Zeitpunkt reserviert und vorbereitet (Bestuhlung, Ablagetische, Medien, ...)?
    ✓ Ist für Verpflegung gesorgt?
    ✓ Welche Freizeitmöglichkeiten stehen (bei Hotelaufenthalt) zur Verfügung?

- **Sitzordnung**

Abb. 31 – Sitzordnung

Die für die Moderation typische Sitzordnung ist die Halbkreis-Form ohne Tische, wie sie Abbildung 31 zeigt. Der Vorteil liegt darin, dass jeder jeden sehen kann und so eine aktive Teilnahme am Gruppengeschehen gefördert wird. Darüber hinaus ist es jedem Gruppenmitglied leicht möglich, nach vorne zu kommen, um z.B. zu punkten. Auf das Anfertigen von persönlichen Notizen kann meist verzichtet werden, da in aller Regel ein Simultanprotokoll, z. B. mit dem Fotoprotokollprogramm PhotoMinutes©, erstellt wird.

● Medien

✓ Welche Medien werden benötigt?
✓ Wie viele Pinnwände? Faustregel: eine Pinnwand für je zwei Teilnehmer und zwei für den Moderator.
✓ Wie viele Flipcharts? (In der Regel genügt ein Flipchart je Raum.)
✓ Sind hinreichend Pinnwandpapier und Flipchart-Bögen vorhanden?
✓ Was wird an Moderationsmaterial (Karten, Stifte, ...) benötigt?
✓ Sind weitere Medien (Beamer, Dia-, Filmprojektor, Video-Anlage, ...), z.B. für eine Info-Phase, erforderlich?
✓ Bietet der vorgesehene Raum die Möglichkeit zur Verdunkelung?
✓ Wie steht es mit den Stromquellen? Sind Verlängerungskabel verfügbar?

Wichtig ist es in diesem Zusammenhang, immer an ausreichend Ersatzmaterial zu denken. Nichts ist peinlicher, als wenn eine Veranstaltung nicht planmäßig ablaufen kann, weil Pinnwandpapier oder Flipchart-Bögen fehlen, keine Ersatzbirne für den Beamer zur Verfügung steht oder die Karten nicht reichen.

● Einladung

Die Teilnehmer sind möglichst früh zur Veranstaltung einzuladen. Die Einladung muss mindestens Informationen enthalten über:

- Zeitpunkt/Zeitrahmen,
- Ort/Raum,
- Thema/Zielsetzung,

- Teilnehmer,
- Moderator(en),
- Initiator/Einladender.

Da zu einer moderierten Gruppensitzung nur eingeladen wird, wer vom Thema betroffen und (deshalb) für die Veranstaltung wichtig ist, ist es in der Regel sinnvoll, den Veranstaltungstermin vorab telefonisch abzustimmen.

3.3.6 Persönliche Vorbereitung

In puncto persönlicher Vorbereitung geht es darum, im Grunde wie ein Sportler bewusst darauf zu achten, dass man seine geistigen und körperlichen Potenziale zum richtigen Zeitpunkt auch zur Verfügung hat und die Möglichkeit, sie zu nutzen. Im Einzelnen sollte man an folgende Punkte denken:

● **Körperliche und geistige Fitness**

Je wichtiger die Moderation, desto wichtiger ist es auch, auf körperliche Fitness zu achten. In der Regel fördert es die Konzentration, wenig zu essen und auf Alkoholika ganz zu verzichten, ausreichend Pausen einzuplanen und nicht jede freie Minute mit den Teilnehmern zu verbringen, um zwischendurch etwas Zeit zur Reflexion und Regeneration zu haben. Äußerst hilfreich kann es sein, die Ereignisse in der Planungsphase, z. B. anhand des Moderationsplans (vgl. S. 95f.), ganz konkret vor seinem geistigen Auge ablaufen zu lassen, sich in die Situation hineinzufühlen, sich einzuhören und an den Stellen, wo man sich nicht sicher ist, ob man gut genug vorbereitet ist, nachzubessern.

● **Heimvorteil**

Der Moderator sollte sich, wenn irgend möglich, vorab mit den Örtlichkeiten vertraut machen und sich auf diese Weise Heimvorteil verschaffen. Jeder Ort hat seine Besonderheiten. Er fördert oder hemmt die Arbeitsatmosphäre. Zeitiges Kennenlernen der Räumlichkeiten gibt die Chance, das Beste aus der gegebenen Situation zu machen.

3.4 Durchführen einer Moderation

3.4.1 Ablauf einer Moderation

Eine Moderation gliedert sich immer in mehrere Abschnitte. Der klassische Ablauf besteht aus sechs Schritten:

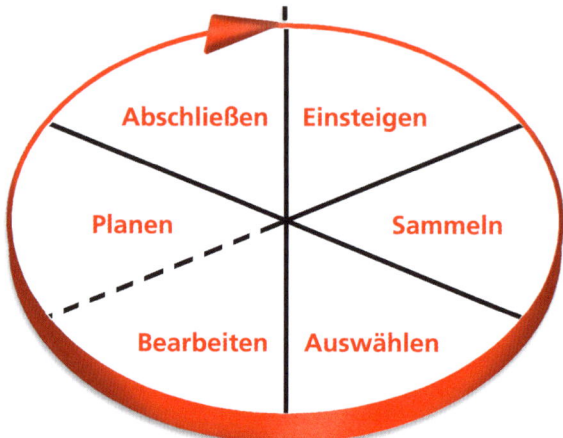

Abb. 32 – Moderationszyklus

Schritt 1: „Einstieg"
In diesem ersten Moderationsschritt geht es darum, die Moderation zu eröffnen, ein positives Arbeitsklima zu schaffen und Orientierung für die gemeinsame Arbeit zu geben.

Möglicher Ablauf:

- Eröffnung der Sitzung

  Zielsetzung:
  Offizielle Eröffnung der Arbeit in der Gruppe.
  Abstimmen des Zeitplans, zumindest der „Eckdaten".
  Gegebenenfalls gegenseitiges Kennenlernen der Teilnehmer und des Moderators.
  Vertraut werden mit den Gegebenheiten (Raum, Medien).
  Schaffung eines positiven Arbeitsklimas.

- Abklären der Erwartungen

  Zielsetzung:
  Gegenseitiges Kennenlernen der Erwartungen der Teilnehmer und des Moderators.
  Besprechen eventuell vorhandener Vorbehalte.
  Vereinbaren von Regeln für die gemeinsame Arbeit.

- Abstimmen/Formulieren der Zielsetzung

  Zielsetzung:
  Inhaltliche Orientierung geben.
  Zielsetzung der gemeinsamen Arbeit abstimmen bzw. festlegen.

- Abstimmen/Festlegen der Methodik

  Zielsetzung:
  Den Teilnehmern die vorgesehene Vorgehensweise vorstellen und diese abstimmen bzw. mit den Teilnehmern eine geeignete Vorgehensweise festlegen.

- Klären der Protokollfrage

  Zielsetzung:
  Klären, welche Form das Protokoll haben soll, z.B. Fotoprotokoll, und wer es herstellen wird.

Schritt 2: „Themen sammeln"
Das Sammeln der Themen ist der erste inhaltliche Arbeitsschritt. Hier geht es darum, die Themen festzulegen, die bearbeitet werden könnten oder konkret bearbeitet werden sollen. Der Ablauf dieses Schrittes könnte so aussehen:

Möglicher Ablauf:

- Formulierung einer präzisen, zielgerichteten Fragestellung und Visualisierung der Frage an der Pinnwand

  Zielsetzung:
  Konzentrieren der Gedanken der Teilnehmer auf die gemeinsame Zielsetzung.
  Einen Ausgangspunkt für die gemeinsame inhaltliche Arbeit schaffen.

- Verteilen von Moderationskarten an die Teilnehmer und dann zur schriftlichen Beantwortung der Fragestellung auffordern

Zielsetzung:
Sammlung von Einfällen zur Fragestellung.
Einbeziehen aller Teilnehmer und Themenwünsche.

- Karten einsammeln und an der Pinnwand ordnen und strukturieren

Zielsetzung:
Überblick gewinnen, Transparenz schaffen.
Inhaltliche Schwerpunkte finden.

Schritt 3: „Thema auswählen"

Hier geht es darum festzulegen, welches Thema bearbeitet wird bzw. in welcher Reihenfolge die Themen bearbeitet werden sollen, also Prioritäten zu setzen.

Möglicher Ablauf:

- Die geclusterten Themen (vgl. S. 121) mit Überbegriffen überschreiben oder/und einen „Themenspeicher" (vgl. S. 122) erstellen, d. h. Auflistung der gefundenen Themen an Pinnwand oder Flipchart

Zielsetzung:
Die Oberbegriffe auf einen Blick erfassbar machen.
Das Weiterarbeiten (methodisch) erleichtern.

- Eine zielgerichtete Fragestellung formulieren und an der Pinnwand visualisieren

Zielsetzung:
Konzentrieren der Gedanken der Teilnehmer auf die Zielsetzung dieses Moderationsschrittes.
Anregen zur Wahl der persönlich priorisierten Themen.

- Themen mittels Punkten gewichten lassen, d. h., die Teilnehmer werden aufgefordert, mit Klebepunkten ihr Votum abzugeben. Die Punktungsregel: Es dürfen max. 2 Punkte je Thema vergeben werden!

Zielsetzung:
Gesammelte Themen in die von den Teilnehmern gewünschte Rangfolge bringen.

Schritt 4: „Thema bearbeiten"

In diesem Arbeitsschritt werden die Themen entsprechend der festgelegten Rangordnung bearbeitet.

Zielsetzung kann sein:

- Infosammlung/-austausch,
- Problemanalyse/-lösung,
- Entscheidungsvorbereitung,
- Entscheidung.

Möglicher Ablauf:

- Geeignete Methodik zur Bearbeitung des entsprechenden Themas vorschlagen, z.B. Arbeiten mit der 2-Felder-Tafel oder dem Problem-Analyse-Schema

  Zielsetzung:
  Möglichst effiziente Themenbearbeitung gewährleisten.

- Bearbeiten des Themas gemäß der gewählten Methodik

  Zielsetzung:
  Möglichst konkrete Themenbearbeitung sicherstellen. Die Aufmerksamkeit der Teilnehmer auf die Zielsetzung der Arbeit und das gewählte methodische Vorgehen konzentrieren.

Schritt 5: „Maßnahmen planen"

In diesem Schritt wird festgelegt, welche Maßnahmen aufgrund der Ergebisse aus der Themenbearbeitung durchgeführt werden sollen.

Möglicher Ablauf:

- Matrix des Maßnahmenplans an Pinnwand visualisieren.

  Zielsetzung:
  Struktur für die weitere Arbeit schaffen.

● Die als notwendig erachteten Aktivitäten in die Matrix eintragen

Zielsetzung:
Die für eine konkrete Realisierung vorgesehenen Maßnahmen für alle sichtbar dokumentieren.

● Für jede Maßnahme Verantwortlichkeiten und Terminierungen festlegen sowie gegebenenfalls Kontrollen vereinbaren

Zielsetzung:
Teilnehmer zu konkreten Aktivitäten verpflichten und eindeutige Termine fixieren, um die Realisierung der Maßnahmen zu gewährleisten.

Schritt 6: „Abschluss"

Die inhaltliche Arbeit ist nun beendet. Es bietet sich an, jetzt den Gruppenprozess zu reflektieren, d. h. gemeinsam folgende Fragen zu besprechen:

● Wurden meine Erwartungen erfüllt?
● Habe ich die Arbeit als effektiv erlebt?
● Bin ich mit dem Ergebnis zufrieden?
● Habe ich mich in der Gruppe wohlgefühlt?

Eine solche Reflexion kann auch zu einem früheren Zeitpunkt sinnvoll sein, nämlich dann, wenn ...

... Teilnehmer Unzufriedenheit äußern,
... die inhaltliche Arbeit ins Stocken gerät,
... die Arbeit durch eine längere Pause unterbrochen war.

Der Moderator beendet die Veranstaltung mit einem Dank an die Teilnehmer.

Anmerkung: Der hier skizzierte mögliche Ablauf einer Moderation dient dazu, die Ablaufphasen eines Moderationsprozesses deutlich zu machen, die zugehörigen Methoden sind im Methodenteil (Kapitel 3.4.3) beschrieben.

Moderationszyklus (Beispiel)

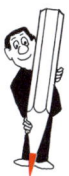

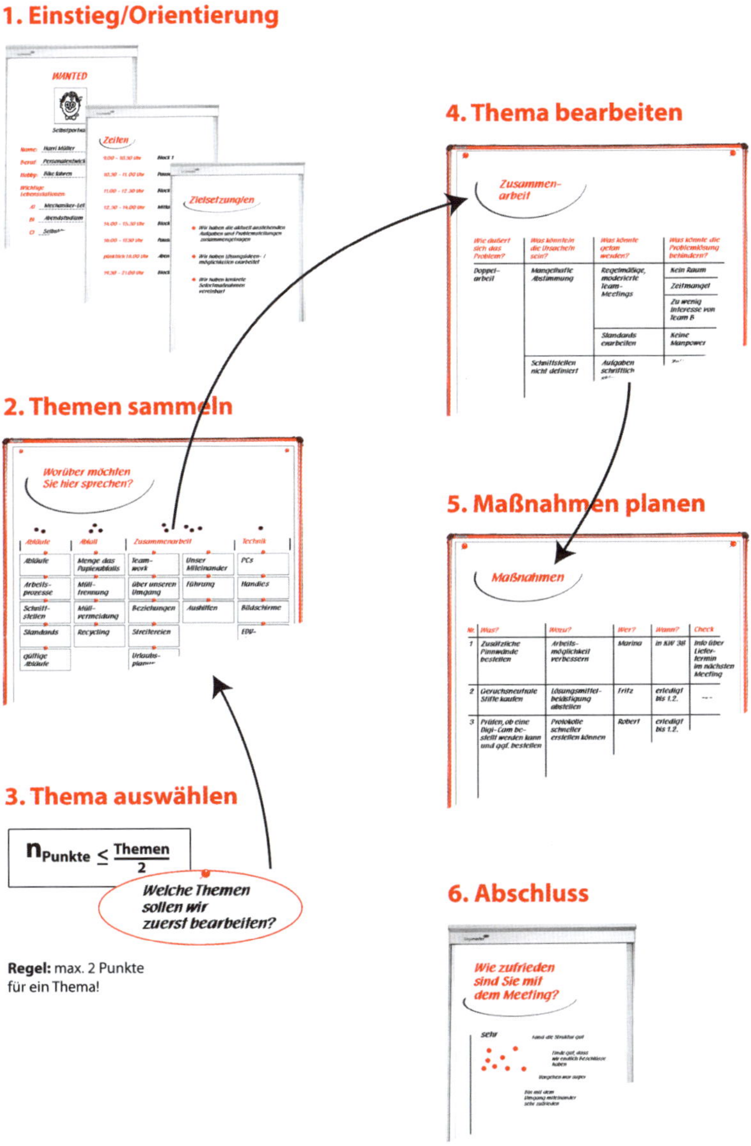
1. Einstieg/Orientierung
WANTED
Zeiten
Zielsetzungen
2. Themen sammeln
Worüber möchten Sie hier sprechen?
Abläufe
Abfall
Zusammenarbeit
Technik
3. Thema auswählen
$n_{Punkte} \leq \frac{Themen}{2}$
Welche Themen sollen wir zuerst bearbeiten?
Regel: max. 2 Punkte für ein Thema!
4. Thema bearbeiten
Zusammenarbeit
5. Maßnahmen planen
Maßnahmen
6. Abschluss
Wie zufrieden sind Sie mit dem Meeting?

Abb. 33 – Beispiel für einen Moderationszyklus

3.4.2 Hilfsmittel für die Moderation

Für die Moderation gibt es eine Standardausrüstung an Hilfsmitteln, die im Fachhandel erhältlich ist. Als hilfreich hat sich in der Moderationspraxis die Unterbringung der Materialien im so genannten „Moderatorenkoffer" oder „Moderationskoffer" erwiesen.

Abb. 34 – Hilfsmittel für eine Moderation

Die in der Moderation verwendeten Medien, Flipchart und Pinnwand, wurden in **Teil 1 – Visualisieren** beschrieben.

Abb. 35 – Medien für die Moderation   **107**

3.4.3 Methoden für die Moderation

Der Moderator ist Methodenspezialist. Seine Aufgabe ist es, dafür zu sorgen, dass die Gruppe arbeitsfähig ist und bleibt. Er trägt Verantwortung dafür, dass die Gruppe ein Ergebnis erarbeiten kann.

Im Folgenden sind eine Reihe erprobter und in der Praxis häufig benutzter Methoden bzw. Vorgehensweisen für die Moderation dargestellt. Sie sind jeweils, der besseren Übersichtlichkeit halber, einem Moderationsschritt im Moderationszyklus zugeordnet und mit einem Beispiel illustriert.

Um daran zu erinnern, dass (zumindest bei größeren Gruppen) idealerweise immer zwei Moderatoren mit einer Gruppe arbeiten, ist im folgenden „Methodenkatalog" von **den** Moderatoren die Rede.

Dem Methodenkatalog ist, neben der Visualisierung als zentrale Methode der Moderation, **die Fragetechnik** vorangestellt. Die „Kunst des Fragens" gehört sozusagen zur Grundausstattung des Moderators.

Die Frage in der Moderation

Der Moderator ist zu den Themen der Gruppenarbeit niemals gleichzeitig inhaltlicher Experte. Seine Aufgabe ist deshalb auch nicht aus einer Aussage- oder Antwortgeben-Haltung, sondern nur aus einer Frage-Haltung heraus zu bewältigen.

Fragen ermöglichen es:

- alle Teilnehmer einzubeziehen,
- Wissen der Gruppenmitglieder offenzulegen,
- Arbeitsschritte abzustimmen,
- Stimmungen transparent zu machen,
- Gruppenkonsens herzustellen,
- ...

Für den Moderator ist es elementar, die wichtigsten Fragearten zu beherrschen, um ...

- selbst gut fragen zu können,
- mit Fragen aus der Gruppe sicher umgehen zu können.

Eine Frage besteht immer aus zwei Teilen: dem Inhalt einerseits und der Form andererseits. Die wichtigsten Frageformen sind:

- offene Frage,
- geschlossene Frage,
- Alternativfrage,
- rhetorische Frage,
- Suggestivfrage,
- Gegenfrage,
- zurückgegebene Frage

Offene Frage

Die offene Frage lässt verschiedene Antworten zu. Der Gefragte kann frei formulieren. Sie werden auch W-Fragen genannt, weil sie mit einem Fragewort (wer, was, wie, welche, wozu ...) beginnen. Die offene Frage ist die zentrale Frageform in der Moderation.

Ein Beispiel:
„Welche Themen sollten wir in unserer heutigen Gruppensitzung bearbeiten?"

Geschlossene Frage

Diese Fragen können nur mit ja oder nein beantwortet werden. In der Moderation sollte diese Frageform zur inhaltlichen Arbeit wenig verwandt werden. Sie ist aber zur Strukturierung der Arbeit sehr hilfreich.

Ein Beispiel:
„Können wir jetzt zum nächsten Schritt übergehen?"

Alternativfrage

Soll eine Entscheidung zwischen zwei Alternativen gefällt werden, bietet sich diese Frageart an. In der Moderation ist der Einsatz dieser Frageart gut zu überlegen, da sie möglicherweise die Gruppe in zwei Lager spaltet.

Ein Beispiel:
„Sollen wir diesen Punkt jetzt noch weiter bearbeiten oder zum nächsten Punkt übergehen?"

Rhetorische Frage

Um eine Gegenmeinung im Keim zu ersticken, wird häufig eine rhetorische Frage gestellt. Die Frage beantwortet sich eigentlich von allein aus dem gesunden Menschenverstand heraus. Diese Frageform verbietet sich für die Moderation, da sie das gewünschte Klima der Offenheit untergräbt.

Ein Beispiel:
„Wollen wir uns denn wirklich weiter mit diesem leidigen Thema quälen?"

Suggestivfrage

Sie will den Gefragten manipulativ zur Zustimmung bewegen. Ihr Einsatz gilt als „Bauernfängerei" und wird dem Frager meist verübelt – auch in der Moderation.

Ein Beispiel:
„Sie sind doch sicherlich mit mir der Meinung, dass wir jetzt bereits mehr als genug Zeit für dieses Thema verwendet haben?"

Gegenfrage

Jede Frage hat Aufforderungscharakter – sie fordert eine Antwort. Die beste Möglichkeit, diesem Druck zu entkommen, ist, ihn zu spiegeln, d. h. die gestellte Frage mit einer Frage zu beantworten. Dies kann allerdings, zumal im Wiederholungsfall, provozierend wirken.

Ein Beispiel:
Frage: *„Wann gehen wir endlich zum nächsten Punkt über?"*
Gegenfrage: *„Aus welchem Grund fragen Sie?"*

Zurückgegebene Frage

Sie ist keine eigenständige Frageform, sondern eine spezifische Art, mit Fragen umzugehen. In der Moderation spielt sie eine große Rolle. Eine Frage, die auf Inhalte gerichtet ist, gibt der Moderator an die Gesamtgruppe weiter (zurück), da die Gruppe ja die Verantwortung für das inhaltliche Ergebnis trägt.

Ein Beispiel:
Frage an den Moderator: *„Müssten wir über diesen Punkt nicht mit dem Chef sprechen?"* – *„Was meinen die anderen?"*, fragt der Moderator und gibt damit die Frage an die Gruppe zurück.

Methodenkatalog

Als Methoden oder „Visual Guides" bezeichnen wir in der Moderation konkrete Vorgehensweisen, bezogen auf einen Moderationsschritt. Grundsätzlich ist als Methode erlaubt, was funktioniert, wenn es dem „Geist der Moderation" entspricht.

Im Folgenden sind (die) Methoden der Moderation anhand von Beispielen beschrieben. Es werden jeweils Hinweise gegeben:

    ... zum Anwendungsbereich (wozu?);
    ... zur Vorgehensweise (wie?);
    ... zum Moderationsschritt innerhalb des Moderationszyklus, in dem die jeweilige Methode angewandt werden kann (wann?).

Was?

„Kennenlern-Matrix"

Wozu?

Zum (besseren) Kennenlernen, vor allem, wenn sich die Teilnehmer wenig kennen.

Vorteil:
Durch den geringen Zeitaufwand eignet sich die Kennenlern-Matrix auch für kürzere Treffen.

Nachteil:
Die Teilnehmer kommen wenig miteinander ins Gespräch.

Wie?

Die Moderatoren stellen der Gruppe eine bereits an der Pinnwand visualisierte Kennenlern-Matrix vor. Die Überschriften sind auf die Zielgruppe und die Zielsetzung der Veranstaltung ausgerichtet. Es sollte immer eine Spalte dabei sein, die den persönlichen/emotionalen Bereich der Teilnehmer anspricht, um schon hier deutlich zu machen, dass es nicht nur um die Sache geht, sondern jeder Teilnehmer auch als Mensch wichtig ist.

Die Teilnehmer tragen sich, entweder schon bevor das Treffen offiziell beginnt, in die Matrix ein, dies ergibt einen lockernden „Vorspann", oder jeder Teilnehmer füllt im Rahmen der Vorstellungsrunde an der Pinnwand seine Daten aus. Die Moderatoren tragen sich ebenfalls ein.

Wann?

Im Schritt 1: „Einstieg"

Einstieg

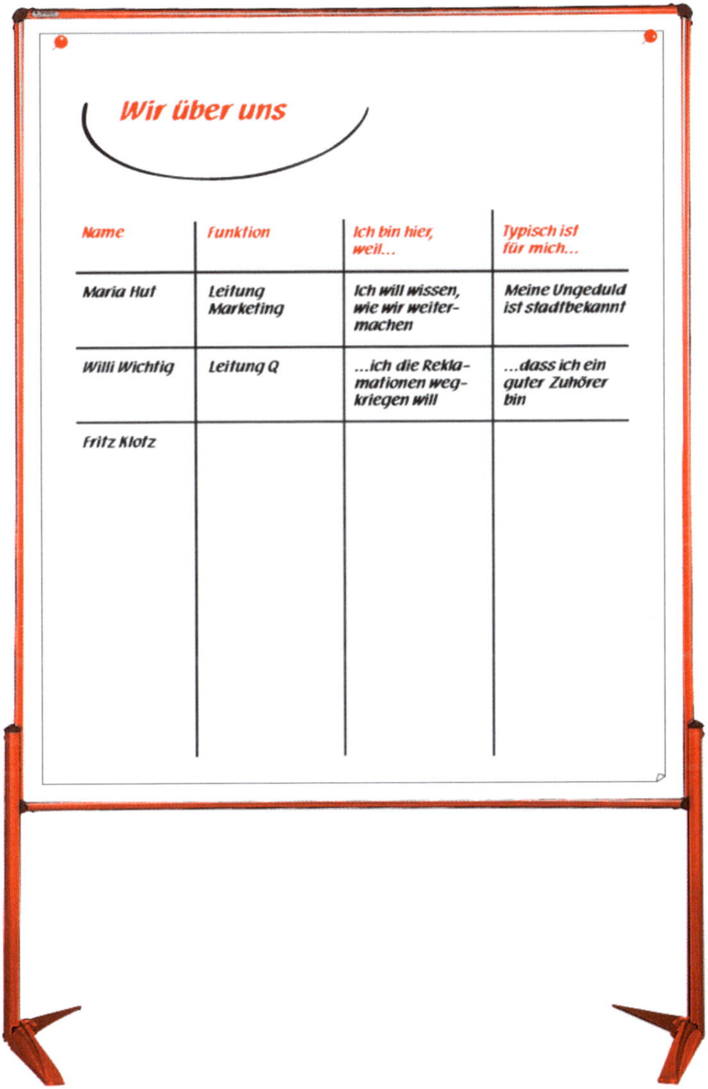

Wir über uns

Name	Funktion	Ich bin hier, weil...	Typisch ist für mich...
Maria Hut	Leitung Marketing	Ich will wissen, wie wir weiter-machen	Meine Ungeduld ist stadtbekannt
Willi Wichtig	Leitung Q	...ich die Rekla-mationen weg-kriegen will	...dass ich ein guter Zuhörer bin
Fritz Klotz			

Abb. 36 – Kennenlern-Matrix   **113**

Was?

„Steckbrief"

Wozu?

Zum Kennenlernen und „Warming up", vor allem, wenn sich die Teilnehmer wenig oder nicht kennen und wenn das Treffen mehrere Tage dauert.

Vorteil:
Die Teilnehmer kommen miteinander ins Gespräch. Dies fördert ein Klima des Vertrauens und der Offenheit.

Nachteil:
Hoher Zeitaufwand.

Wie?

Alternative 1: Die Einzelvorstellung

Die Moderatoren stellen der Gruppe ein vorbereitetes Raster mit Fragen vor. Diese sind speziell auf die Zielgruppe ausgerichtet. Dabei ist wichtig, dass diese Fragen nicht nur den beruflichen Bereich betreffen. Jeder Teilnehmer nimmt einen Flipchart-Bogen und entwirft seinen persönlichen „Steckbrief". Ebenso die Moderatoren. Anschließend stellt sich jeder anhand seines Steckbriefs vor. Die Teilnehmer haben die Möglichkeit, zusätzlich Fragen zu stellen.

Alternative 2: Das Paarinterview

Die Gesamtgruppe wird in Zweier-Teams aufgeteilt. Dabei ist darauf zu achten, dass sich die jeweiligen Partner möglichst wenig kennen. In den Teams interviewen sich nun die Partner anhand vorbereiteter Fragen gegenseitig (z.B. je 15 Minuten) und visualisieren die Antworten. Anschließend stellen sich die Teilnehmer (selbst oder gegenseitig) im Plenum vor.

Wann?

Im Schritt 1: „Einstieg"

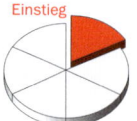

Abb. 37 – Steckbrief

Was?

„Erwartungs-Abfrage"

Wozu?

Teilnehmer und Moderatoren lernen die Erwartungen und gegebenenfalls Vorbehalte oder Ängste in Bezug auf die gemeinsame Arbeit kennen und können sich darauf einstellen. Eventuell vorhandene Span-
nungen werden dadurch abgebaut bzw. bearbeitbar, so dass sie aus-
gesprochen werden können. Vertrauen und Offenheit werden
gefördert.
Gegebenenfalls können die Teilnehmer Regeln („Spielregeln") vereinbaren, in denen sie festlegen, wie sie miteinander umgehen wollen
(vgl. 3.4.4, S. 156).

Wie?

Alternative 1: Satzergänzung

Die Moderatoren stellen den Teilnehmern ein vorbereitetes Plakat mit
einem visualisierten Satzanfang vor und fordern die Teilnehmer auf,
diesen Satz zu ergänzen. Die Visualisierung der Nennungen der Teilnehmer kann entweder durch die Moderatoren (auf Zuruf) oder durch
die Teilnehmer selbst erfolgen.

Alternative 2: Ein-Punkt-Abfrage

Die Moderatoren stellen ein Plakat vor, auf dem eine Skala zur Ein-
schätzung ihrer persönlichen Erwartungen abgebildet ist, und fordern
die Teilnehmer auf, mittels Klebepunkt ihr Votum abzugeben (vgl.
„Ein-Punkt-Abfrage" S. 124f.).

Wann?

Im Schritt 1: „Einstieg"

Einstieg

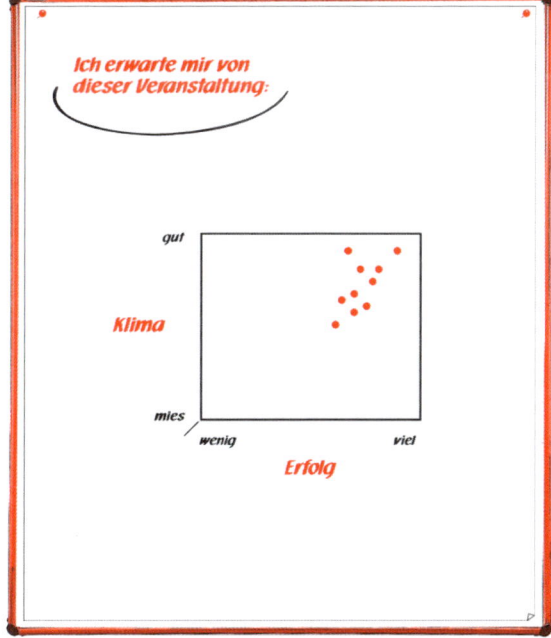

Abb. 38 – Erwartungs-Abfrage

Was?

„Abfrage auf Zuruf"

Wozu?

Die Abfrage auf Zuruf kann wie die Kartenabfrage zum Sammeln von Themen, Fragen, Ideen, ... verwendet werden.

Vorteil:
Geringer Zeitaufwand. „Brainstorming-Effekt" durch Assoziationsketten.

Nachteile:
Die Nennungen können nur schwer (neu) geordnet werden. Sie bleiben nicht anonym. Die Gleichbehandlung der Teilnehmer ist äußerst schwierig; es werden nicht alle im gleichen Maße einbezogen.

Wie?

Die Moderatoren stellen eine bereits auf Flipchart oder Pinnwand visualisierte Frage an die Gruppe und bitten um deren Beantwortung. Die Teilnehmer rufen den Moderatoren ihre Antworten zu. Ein Moderator steuert den Prozess, während der andere die Beiträge für alle sichtbar mitschreibt.

Achtung:
Eine Abfrage auf Zuruf ist kein Brainstorming, sondern ein Brainstorming ist eine Abfrage auf Zuruf mit bestimmten Regeln – vgl. hierzu S. 142.

Wann?

Vorrangig im Schritt 2: „Themen sammeln"
Situativ in jedem Moderationsschritt

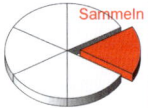

Was müssen wir heute noch besprechen?

- Handhabung der Gleitzeit

- Autonomie der Teams

- Vertretung von Frau Pink

- Interimsarbeitsplätze

- Standard-Ausstattung /
  Ausstattungs-Standards

- Reisekostenregelung

Abb. 39 – Abfrage auf Zuruf

Was?

„Karten-Abfrage"

Wozu?

Zur Sammlung von Themen, Fragen, Ideen, Lösungsansätzen, … ist die Kartenabfrage die Methode schlechthin.

Vorteile:
Jeder Teilnehmer wird einbezogen. Alle Nennungen sind gleich wichtig, es gibt keine Hierarchie- oder sonstigen Unterschiede. Die Nennungen können jederzeit neu geordnet werden.

Nachteile:
Hoher Zeitaufwand. Sie wird bei großen Gruppen und/oder vielen Nennungen leicht unübersichtlich. Letzteres ist aber nur bedingt als Nachteil zu werten, da die Möglichkeit besteht, die Karten zu limitieren.

Wie?

Die Moderatoren stellen eine auf einer Pinnwand visualisierte Frage an die Gruppe. Die Beantwortung dieser Frage soll in schriftlicher Form geschehen. Hierzu verteilen sie Moderationskarten. Diese haben eine einheitliche Farbe, damit nicht Einzelkarten schon aufgrund ihrer Farbe hervortreten (beachte: Farben und Formen sind Bedeutungsträger!).

Sie bitten nun die Teilnehmer um schriftliche Beantwortung der gestellten Frage. Dabei ist darauf zu achten, dass die Teilnehmer …

> … mit Filzstiften schreiben;
> … in Druckschrift schreiben;
> … die Karten groß und deutlich, maximal aber dreizeilig, beschreiben, damit sie später, wenn sie an der Pinnwand hängen, für alle Teilnehmer lesbar sind;
> … maximal einen Gedanken pro Karte notieren.

Der nächste Schritt ist nun das Einsammeln der Karten. Dabei ist darauf zu achten, dass diese verdeckt (mit dem „Gesicht nach unten") eingesammelt werden. Dies ist wichtig, weil die Kartenabfrage möglichst anonym ablaufen soll. Dann folgt das Anpinnen der Karten an der Pinnwand.

Bei jeder folgenden Karte stellt der Moderator die Frage an die Gruppe, ob diese der bereits angepinnten Karte zugeordnet werden kann oder eine neue Sinneinheit bildet und deshalb nicht darunter, sondern daneben angepinnt werden muss. Dieser Prozess ist abgeschlossen, wenn alle Karten angeheftet worden sind. Bei zwei Moderatoren ist es übrigens sinnvoll, sich von Karte zu Karte abzuwechseln.

Abschließend überprüft die Gruppe die Zuordnungen der Karten nochmals und überschreibt die einzelnen „Cluster" (Sinneinheiten) mit jeweils einem passenden Oberbegriff.

Wann?

Vorrangig im Schritt 2: „Themen sammeln"
Situativ in jedem Moderationsschritt

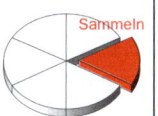

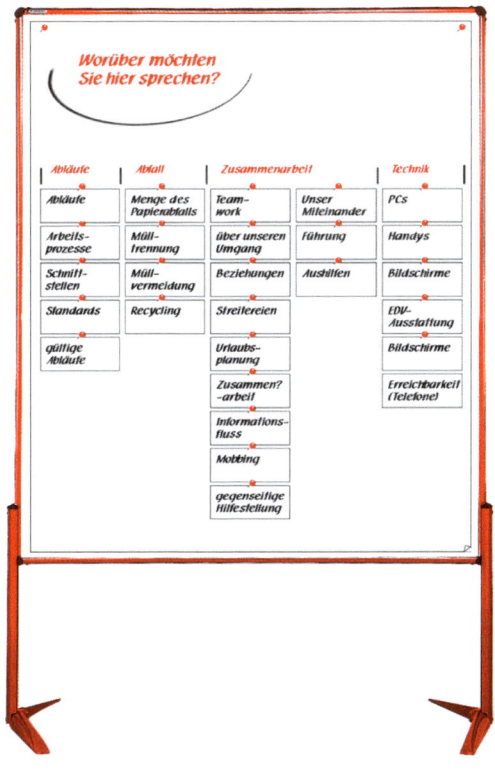

Abb. 40 – Karten-Abfrage **121**

Was?

„Themenspeicher"

Wozu?

Der Themenspeicher erleichtert den Überblick über die gefundenen Schwerpunkte und bildet die Grundlage zur Weiterarbeit.

Vorteil:
Guter Überblick.

Nachteil:
Die Themen müssen in einem zusätzlichen Arbeitsschritt in den Themenspeicher übertragen werden.

Wie?

Die Moderatoren listen gemeinsam mit der Gruppe die Themen, die (weiter-)bearbeitet werden sollen, auf. Sie sind vorab vorgegeben bzw. mittels Karten-Abfrage oder Zuruf von der Gruppe erarbeitet worden.

Die Themen werden dann der Reihe nach behandelt. Alternativ kann eine Bewertung mit Punkten erfolgen, um Prioritäten zu setzen (vgl. hierzu „Mehr-Punkt-Abfrage", S. 126f.).

Wann?

Am Ende von Schritt 2: „Themen sammeln"
Am Anfang von Schritt 3: „Thema auswählen"

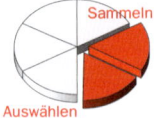

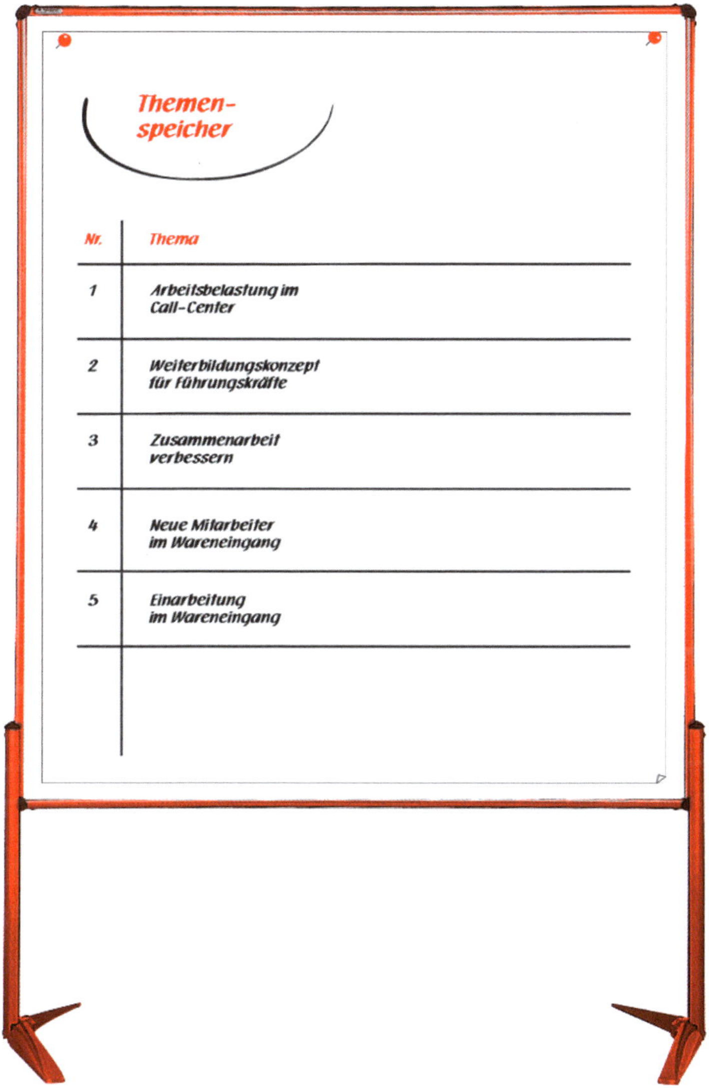

Themen-speicher

Nr.	Thema
1	Arbeitsbelastung im Call-Center
2	Weiterbildungskonzept für Führungskräfte
3	Zusammenarbeit verbessern
4	Neue Mitarbeiter im Wareneingang
5	Einarbeitung im Wareneingang

Abb. 41 – Themenspeicher

Was?

„Ein-Punkt-Abfrage"

Wozu?

Die Ein-Punkt-Abfrage wird eingesetzt, um Transparenz zu schaffen und Entscheidungen zu treffen. Sie eignet sich zum Beispiel, um beim Einstieg in ein Thema Klarheit darüber herzustellen, für wie schwierig die Gruppenmitglieder die Bearbeitung des anstehenden Themas halten, oder um deren Informationsstand zum Thema abzuklären.

Wie?

Die Moderatoren fordern die Gruppenmitglieder auf, eine vorab formulierte und visualisierte Frage durch das Kleben eines Punktes zu beantworten. Vorgegeben wird dazu ein Polaritätsprofil, wie etwa „einfach – schwierig"/ „gut – schlecht" oder eine Schätzskala mit Kategorien wie „leicht – eher leicht – eher schwierig – schwierig". Auf dieser Darstellung geben die Teilnehmer durch das Kleben eines Punktes ihr Votum ab.

Das Ergebnis wird in jedem Fall anschließend besprochen.

Alternative 1:

Die Moderatoren bitten die Gruppe, das Bild zu kommentieren.

Alternative 2:

Die Moderatoren bitten jeden Teilnehmer zu sagen, wo er gepunktet hat, und dies kurz zu erläutern.

Wann?

Situativ in jedem Moderationsschritt;
vor allem aber im Schritt 1: „Einstieg"

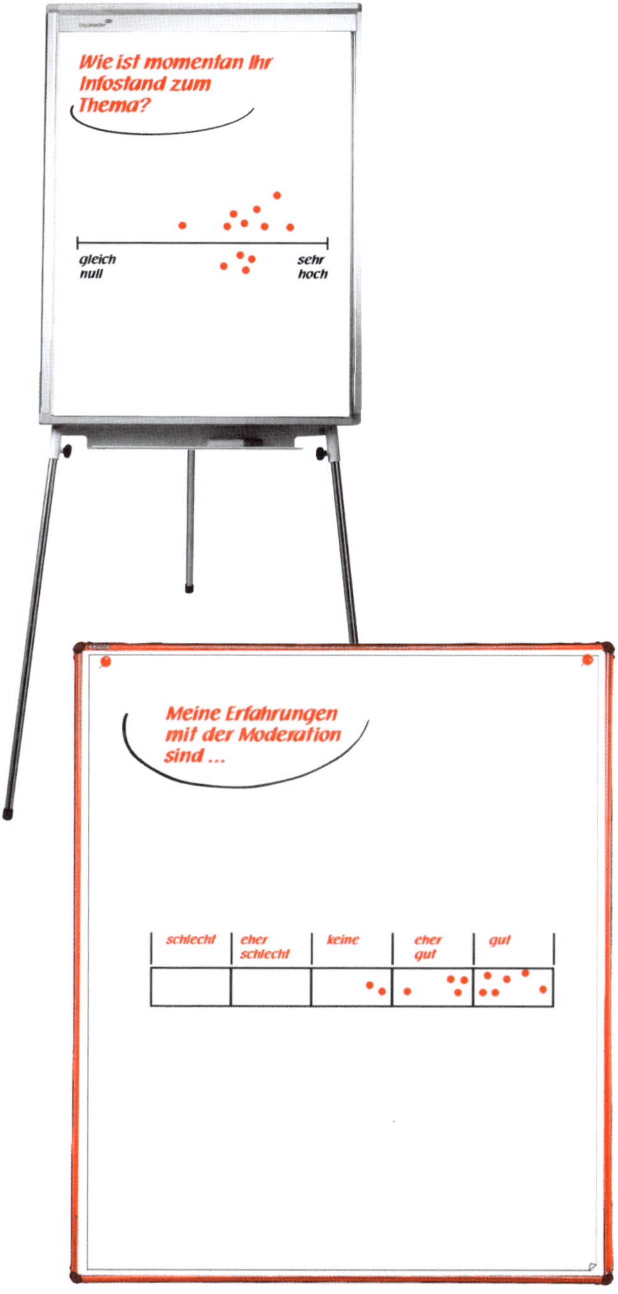

Wie ist momentan Ihr
Infostand zum
Thema?

gleich
null

sehr
hoch

Meine Erfahrungen
mit der Moderation
sind ...

schlecht	eher schlecht	keine	eher gut	gut

Abb. 42 – Ein-Punkt-Abfrage

Was?

„Mehr-Punkt-Abfrage"

Wozu?

Die Mehr-Punkt-Abfrage ist in der Moderation Ersatz für die Abstimmung. Sie eignet sich dazu, Entscheidungen herbeizuführen und Prioritäten zu setzen.

Wie?

Die Moderatoren fordern die Teilnehmer auf, eine vorab formulierte und visualisierte Frage durch das Kleben von mehreren Punkten zu beantworten. Hierbei müssen verschiedene Alternativen vorgegeben sein, beispielsweise die Überbegriffe aus der Themensammlung, die ggf. im Themenspeicher aufgelistet sind.

Regel: Die Anzahl der Klebepunkte entspricht der Anzahl der Alternativen, dividiert durch zwei, wobei gegebenenfalls abgerundet wird.

Jeder Teilnehmer klebt an der Pinnwand maximal zwei Punkte pro Alternative zu den Themen, für die er sich entschieden hat.

Wann?

Im Schritt 3: „Thema auswählen"

Auswählen

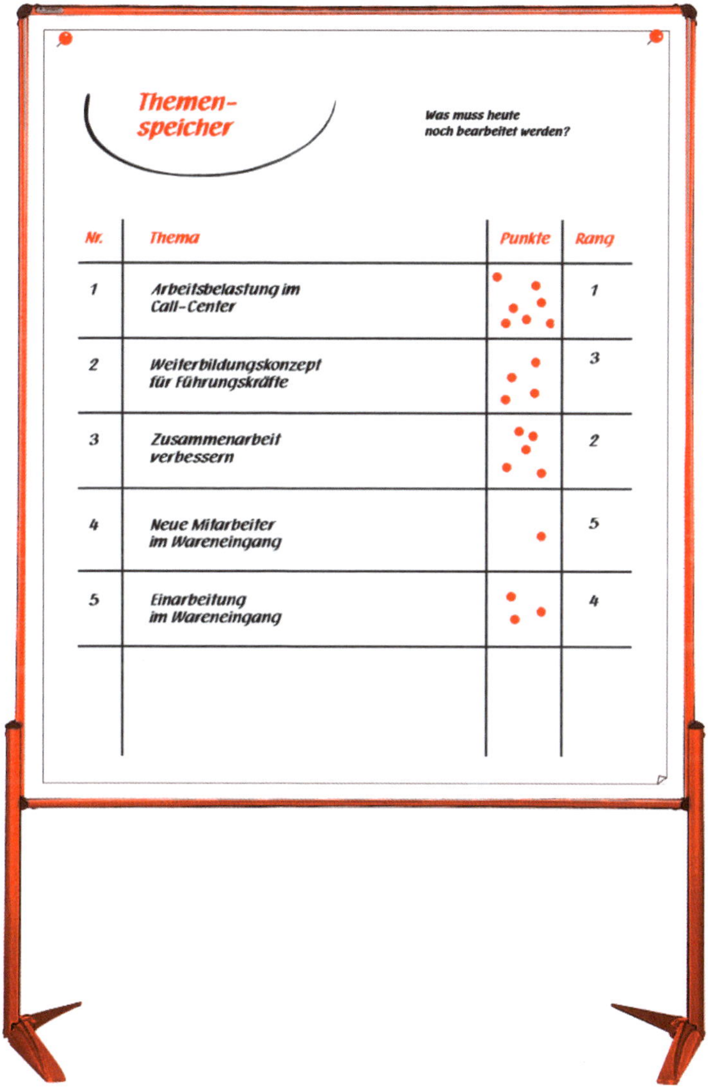

Themen-speicher

Was muss heute noch bearbeitet werden?

Nr.	Thema	Punkte	Rang
1	Arbeitsbelastung im Call-Center	•• • • •• •	1
2	Weiterbildungskonzept für Führungskräfte	• • • •	3
3	Zusammenarbeit verbessern	•• • • •	2
4	Neue Mitarbeiter im Wareneingang	•	5
5	Einarbeitung im Wareneingang	• • •	4

Abb. 43 – Mehr-Punkt-Abfrage

Was?

„Zwei-Felder-Tafel"

Wozu?

Diese Methode ist – wie die Vier-Felder-Tafel – (vgl. S. 130f.) vor allem für die Bearbeitung eines Themas in kleinen Gruppen geeignet. Sie dient dazu, ein (Unter-)Thema grob zu beleuchten, mögliche Konflikte herauszuarbeiten, erste Lösungsansätze zu entwickeln, ...

Vorteil:
Die Zwei-Felder-Tafel gibt eine klare Struktur vor und ermöglicht ein schnelles, erstes Bearbeiten einer Thematik. Sie ist sehr einfach zu handhaben.

Nachteil:
Die Betrachtung wird auf die vorab gewählten Gesichtspunkte einge-engt und das Thema wird nicht so genau bearbeitet wie etwa beim Problem-Analyse-Schema (vgl. S. 132f.).

Wie?

Die Moderatoren stellen der Gruppe eine Zwei-Felder-Tafel vor. Die Benennung der einzelnen Felder (z.B. durch Fragen) hängt von dem zu bearbeitenden Thema und der jeweiligen Zielsetzung der Gruppenar-beit ab. Wichtig ist, dass die Teilnehmer zu möglichst konkreten Ant-worten angehalten werden.

Die Teilnehmer beantworten die Frage des jeweiligen Feldes auf Zu-ruf; die Moderatoren steuern arbeitsteilig den Prozess und halten die Antwort auf dem Plakat fest.

Hinweis: Dieses Schema eignet sich sehr gut zum Einsatz für eine Kleingruppenarbeit, wenn simultan in kurzer Zeit erste Gedanken zu einem Thema (oder auch zu unterschiedlichen Themen) entwickelt werden sollen, um diese dann im Plenum weiterzubearbeiten.

Wann?

Im Schritt 4: „Thema bearbeiten"

Bearbeiten

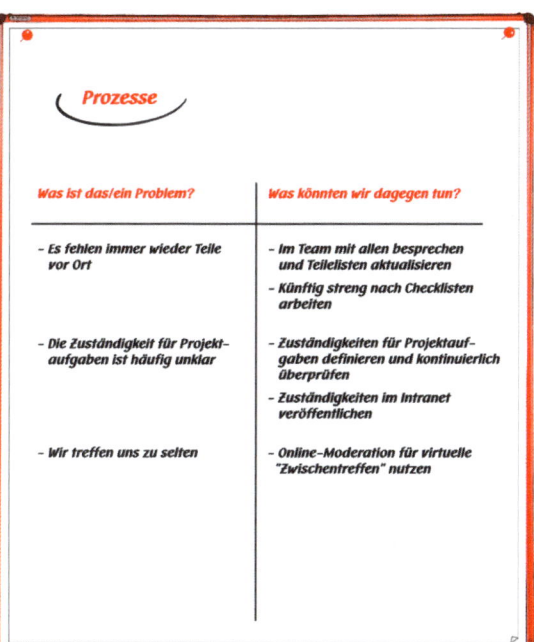

Prozesse

Was ist das/ein Problem?	Was könnten wir dagegen tun?
- Es fehlen immer wieder Teile vor Ort	- Im Team mit allen besprechen und Teilelisten aktualisieren
	- Künftig streng nach Checklisten arbeiten
- Die Zuständigkeit für Projekt-aufgaben ist häufig unklar	- Zuständigkeiten für Projektauf-gaben definieren und kontinuierlich überprüfen
	- Zuständigkeiten im Intranet veröffentlichen
- Wir treffen uns zu selten	- Online-Moderation für virtuelle "Zwischentreffen" nutzen

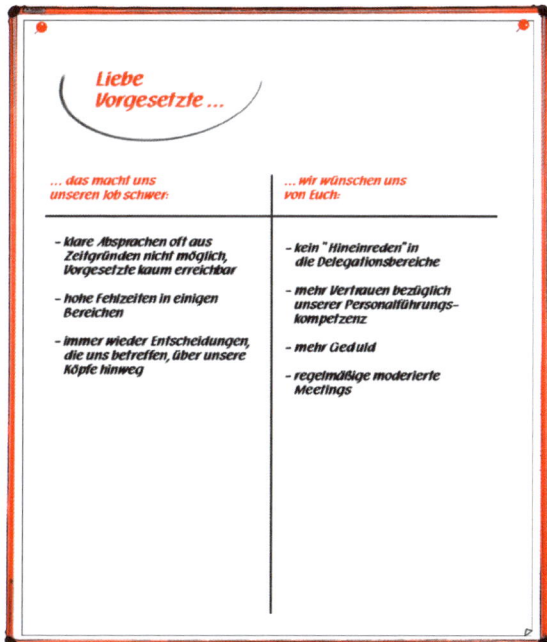

Liebe Vorgesetzte ...

... das macht uns unseren Job schwer:	... wir wünschen uns von Euch:
- klare Absprachen oft aus Zeitgründen nicht möglich, Vorgesetzte kaum erreichbar	- kein "Hineinreden" in die Delegationsbereiche
- hohe Fehlzeiten in einigen Bereichen	- mehr Vertrauen bezüglich unserer Personalführungs-kompetenz
- immer wieder Entscheidungen, die uns betreffen, über unsere Köpfe hinweg	- mehr Geduld
	- regelmäßige moderierte Meetings

Abb. 44 – Zwei-Felder-Tafel

Was?

„Vier-Felder-Tafel / Fadenkreuz"

Wozu?

Diese Methode ist vor allem für die Bearbeitung eines Themas in kleinen Gruppen geeignet. Sie dient dazu, ein Unterthema genauer zu beleuchten, mögliche Konflikte herauszuarbeiten, erste Lösungsansätze zu entwickeln, ...

Vorteil:
Das Fadenkreuz gibt eine klare Struktur vor und ermöglicht ein schnelles, erstes Bearbeiten einer Thematik.

Nachteil:
Die Betrachtung wird auf die vorab gewählten Gesichtspunkte eingeengt und das Thema wird nicht so genau bearbeitet wie etwa beim Problem-Analyse-Schema (vgl. S. 132f.).

Wie?

Die Moderatoren stellen der Gruppe eine Vier-Felder-Tafel vor. Die Benennung der einzelnen Felder und die zugehörigen Fragen hängen von dem zu bearbeitenden Thema und der jeweiligen Zielsetzung der Gruppenarbeit ab. Wichtig ist, dass die Teilnehmer zu möglichst konkreten Antworten angehalten werden.

Die Teilnehmer beantworten die Frage des jeweiligen Quadranten auf Zuruf; die Moderatoren steuern arbeitsteilig den Prozess und halten die Antwort auf dem Plakat fest.

Übrigens: Dieses Schema eignet sich sehr gut zum Einsatz für eine Kleingruppenarbeit, wenn simultan in kurzer Zeit erste Gedanken zu einem Thema (oder auch zu unterschiedlichen Themen) entwickelt werden sollen, um diese dann im Plenum weiterzubearbeiten.

Wann?

Im Schritt 4: „Thema bearbeiten"

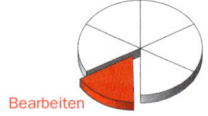

Bearbeiten

Innendienst / Außendienst

Wie sollte unsere Zusammenarbeit sein?

- vertrauensvoll
- einheitlich / standardisiert
- transparent
  für die Mitarbeiter
  und für die Kunden

Wie erleben wir unsere Zusammenarbeit?

- Oft ist kein Verständnis für
  dringende Aufgaben des
  Außendienstes erkennbar
- Der Infofluss ist schlecht:
  "Innen" weiß nicht,
  was "Außen" tut –
  und umgekehrt

Was müsste getan werden?

- Job-Rotation zwischen
  Innen- und Außendienst
  als Muss für jeden Mitarbeiter
- Festschreiben klarer Regeln,
  im Detail

Was könnten erste Schritte sein?

- Standards erarbeiten
- Einstellen eines "Springers"
- Austausch von "Innen-Müller"
  und "Außen-Maier" für 6 Monate

Einführung von Gleitzeit

Was spricht dafür?

- Motivationseffekt
- Weniger
  Unpünktlichkeit

Was spricht dagegen?

- Zusammenarbeit wird
  schwieriger
- Aufwand bei der
  Abrechung höher

Was ist uns noch nicht klar?

- Wo steht eigentlich
  der einzelne Kollege?
  Sind mehr dafür oder
  mehr dagegen?

Was sollen wir zunächst tun?

- Umfrage bei den
  Mitarbeitern durchführen

Abb. 45 — Vier-Felder-Tafel/Fadenkreuz

Was?

„Problem-Analyse-Schema (PAS)"

Wozu?

Diese Methode ist vor allem für die intensive Bearbeitung eines Themas geeignet. Sie dient dazu, ein gewähltes (Unter-)Thema genauer zu beleuchten, ein Problem in Teilprobleme zu zergliedern, systematisch zu beschreiben, Lösungsansätze und mögliche Hürden bei der Problemlösung herauszuarbeiten.

Vorteil:
Das PAS gibt eine klare Struktur für die Arbeit der Gruppe vor und bringt viele Informationen.

Nachteil:
Die Handhabung des Schemas ist nicht ganz einfach und zeitaufwändig.

Wie?

Die Moderatoren stellen der Gruppe das auf einer Pinnwand vorbereitete Problem-Analyse-Schema (PAS), eine vierspaltige Tabelle, vor. Die Benennung der einzelnen Spalten ist durch Fragen vorgegeben. Die Teilnehmer beantworten die jeweilige Frage auf Zuruf; die Moderatoren steuern arbeitsteilig den Prozess und halten die Antworten auf dem Plakat fest.

Hinweis zur Handhabung: Um eine übersichtliche Darstellung zu erreichen, wird erst eine Nennung in die erste Spalte eingetragen und diese ganz nach rechts weiterverfolgt. Danach wird von rechts nach links gearbeitet. Beim zweiten Punkt „dasselbe Spiel" ...

Wann?

Im Schritt 4: „Thema bearbeiten"

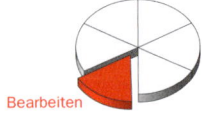

Bearbeiten

Produktions-rückstand

Wie äußert sich das Problem?	Was könnte/n die Ursache/n sein?	Was könnte getan werden?	Was könnte die Problemlösung behindern?
Zu viel Nacharbeit	Mangelhafte Einarbeitung	Gezielte(r)s Training der neuen Mitarbeiter	Kosten
			Zeitmangel
			Zu wenig geeignete Trainer
		Patenschaften einführen	Kaum geeignete Paten vorhanden
	Schlamperei / Unachtsamkeit	Standards erstellen	Zeitaufwand
			Häufige Änderungen im Prozess
Maschinen-engpässe	Fertigungs-planung zu ungenau	SAP einführen	Kosten

Abb. 46 – Problem-Analyse-Schema (PAS)

Was?

„Ursachen-Wirkungs-Diagramm"

Wozu?

Das Ursachen-Wirkungs-Diagramm eignet sich zur systematischen Analyse der Ursachen eines Problems, vor allem im quantitativen (messbaren) Bereich.

Vorteil:
Die Vorstrukturierung der Problemlandschaft ist eine große Hilfe für die Problemanalyse. Sie konzentriert die Aufmerksamkeit der Gruppe auf die vorgegebenen Kategorien.

Nachteil:
Im Rahmen der Lösungssuche muss jede in das Diagramm eingetragene Nennung nochmals besprochen werden.

Wie?

Die Moderatoren stellen der Gruppe die Grobstruktur eines Flussdiagramms nach dem Fischgrätmuster, das Ursachen-Wirkungs-Diagramm, vor. Am „Kopfende" wird das zu untersuchende Problem eingetragen. Die vier Hauptarme werden mit den Begriffen „Mensch", „Maschine", „Methode" und „Material" beschriftet. Anschließend tragen die Moderatoren die Problemursachen, die die Gruppe sieht, per Zuruf in das Schema ein.

Ein Moderator steuert den Prozess, während der andere die Beiträge, für alle sichtbar, mitvisualisiert.

Wann?

Im Schritt 4: „Thema bearbeiten"

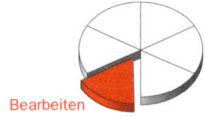
Bearbeiten

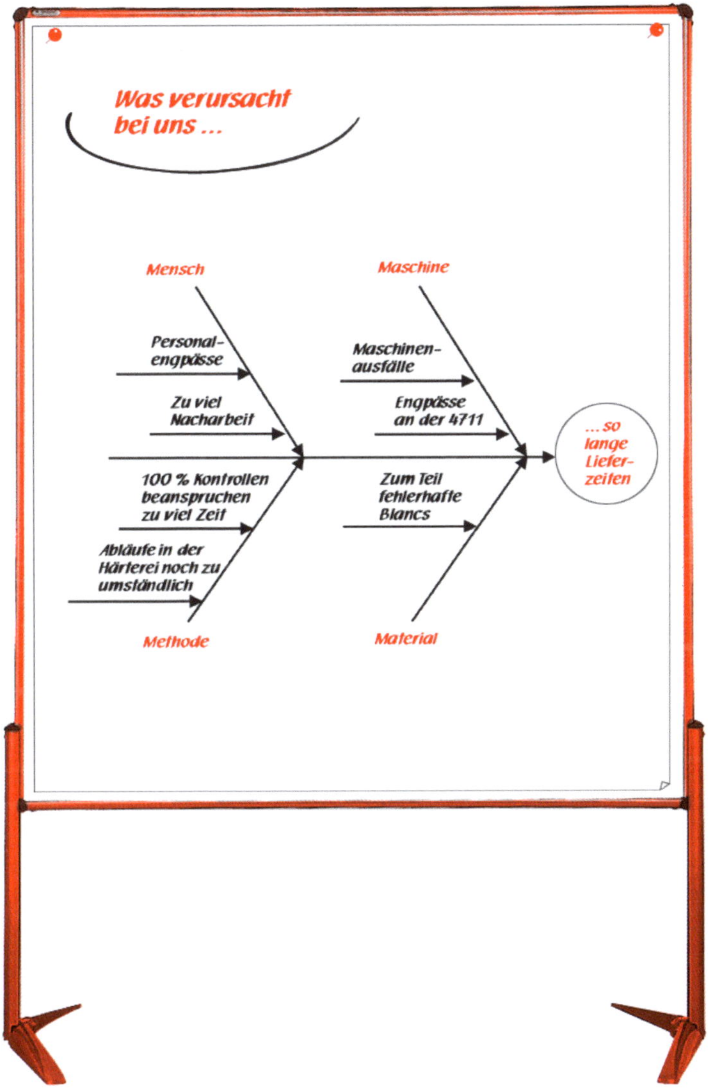

Was verursacht
bei uns ...

Mensch   Maschine

Personal-
engpässe

Maschinen-
ausfälle

Zu viel
Nacharbeit

Engpässe
an der 4711

... so
lange
Liefer-
zeiten

100 % Kontrollen
beanspruchen
zu viel Zeit

Zum Teil
fehlerhafte
Blancs

Abläufe in der
Härterei noch zu
umständlich

Methode   Material

Abb. 47 – Ursachen-Wirkungs-Diagramm

Was?

„Netzbild" / „Mind-Map"

Wozu?

Das (dem Mind-Map ähnliche) Netzbild eignet sich besonders zur Vertiefung eines Themas, zum Aufzeigen von Aufbaustrukturen und zur Verdeutlichung von Beziehungen. Es ist eine gute Methode, um in die Tiefe zu gehen.

Vorteile:
Breite Anwendungsmöglichkeiten.

Nachteil:
Bei vielen Punkten/Nennungen kann die Darstellung unübersichtlich werden.

Wie?

Der Ausgangspunkt des Netzbildes ist immer ein in der Mitte des Plakats angebrachter Kreis, in dem stichwortartig das Thema bzw. die Problemstellung – als Frage oder Satzergänzung – visualisiert ist. Ein Beispiel: „Was gehört zu den Aufgaben eines Moderators?"

Die Moderatoren bitten die Gruppe, das Schema per Zuruf zu ergänzen, und visualisieren die Zurufe auf dem Plakat mit. Wichtig ist hierbei, dass zunächst die Hauptpunkte gesucht und angeschrieben werden, so dass das Bild von innen nach außen wächst.

Ist die Ausgangsfrage erschöpfend bearbeitet, wird jeweils eine neue Fragestellung für die gefundenen Punkte formuliert. Angenommen, wir hätten in unserem Beispiel den Punkt „Steuerung der Gruppe" als Unterpunkt erhalten, so könnte die weiterführende Frage lauten: „Was gehört zur Steuerung der Gruppe?" Dieser Prozess dauert so lange, bis das Thema entsprechend der Zielsetzung in ausreichendem Umfang bearbeitet ist.

Wann?

Im Schritt 4: „Thema bearbeiten"

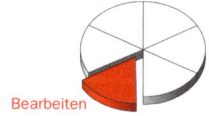

Bearbeiten

136

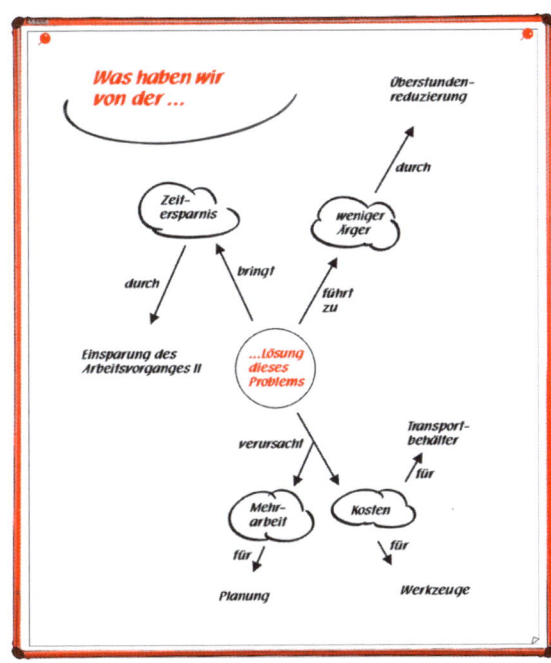

Abb. 48 – Netzbild

Was?

„Matrix"

Wozu?

Die Matrix eignet sich immer dann zur Bearbeitung eines Themas, wenn es darum geht (bzw. wenn es sinnvoll erscheint), Daten in Beziehung zueinander zu setzen.

Vorteile:
Straffe Strukturierung der Arbeit. Beziehungen und Zusammenhänge zwischen einzelnen Daten werden deutlich.

Nachteil:
Möglicherweise verkürzte Bearbeitung der Aufgabenstellung aufgrund der eingeengten Sichtweise, die durch die Benennung der Zeilen und Spalten vorgegeben ist.

Wie?

Die Moderatoren entwerfen an der Pinnwand eine Matrix und benennen die Zeilen und Spalten, wenn möglich und sinnvoll, schon bevor sie mit der Gruppe daran arbeiten, andernfalls mit der Gruppe.

Die Gruppe bearbeitet anschließend das Thema und füllt die einzelnen Felder. Die Moderatoren steuern die Diskussion in der Gruppe und visualisieren die Beiträge. Hier bietet sich wiederum eine Arbeitsteilung zwischen den Moderatoren an – einerseits die Steuerung der Diskussion, andererseits die Visualisierungsaufgabe.

Wann?

Vorrangig im Schritt 4: „Thema bearbeiten", aber auch für z.B. die Kennenlern-Matrix.

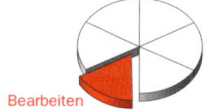

Bearbeiten

138

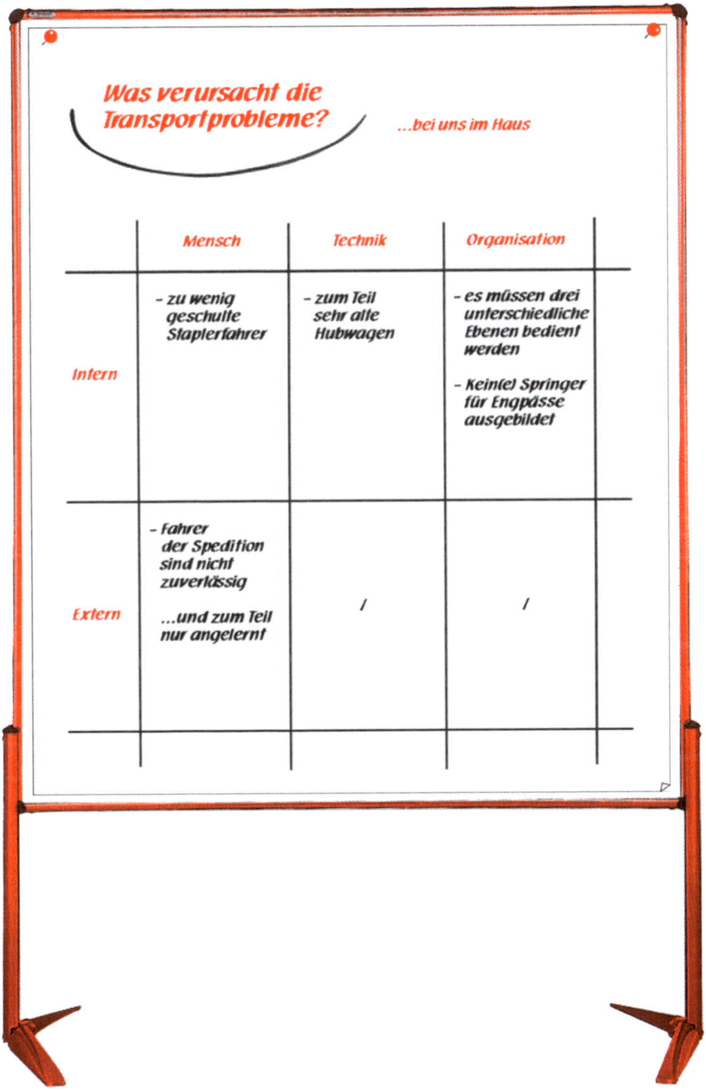

Was verursacht die Transportprobleme? ...bei uns im Haus

	Mensch	Technik	Organisation
Intern	– zu wenig geschulte Staplerfahrer	– zum Teil sehr alte Hubwagen	– es müssen drei unterschiedliche Ebenen bedient werden – Kein(e) Springer für Engpässe ausgebildet
Extern	– Fahrer der Spedition sind nicht zuverlässig ...und zum Teil nur angelernt	/	/

Abb. 49 – Matrix

Was?

„Ablaufplan"

Wozu?

Der Ablaufplan eignet sich besonders für die Bearbeitung eines Themas, wenn sich ein Ablauf zur Strukturierung der Arbeit anbietet, wie
zum Beispiel in einem Produktions- oder Dienstleistungsprozess.

Vorteil:
Klare Strukturierung der Arbeit.

Nachteil:
Engt möglicherweise den Blick ein.

Wie?

Die Moderatoren erarbeiten mit der Gruppe einen Ablauf bzw. geben
diesen vor, wenn er allgemein bekannt ist.

Die Gruppe bearbeitet dann die zu dem jeweiligen Ablaufschritt gehö-
renden Fragen und Probleme. Die Moderatoren steuern arbeitsteilig den
Prozess und visualisieren die Teilnehmerbeiträge auf dem Plakat mit.

So könnte beispielsweise ein optimierter SOLL-Ablauf für einen vorab
in einer Analyse gefundenen IST-Ablauf erarbeitet werden.

Wann?

Im Schritt 4: „Thema bearbeiten"

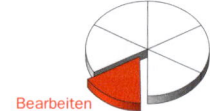

Bearbeiten

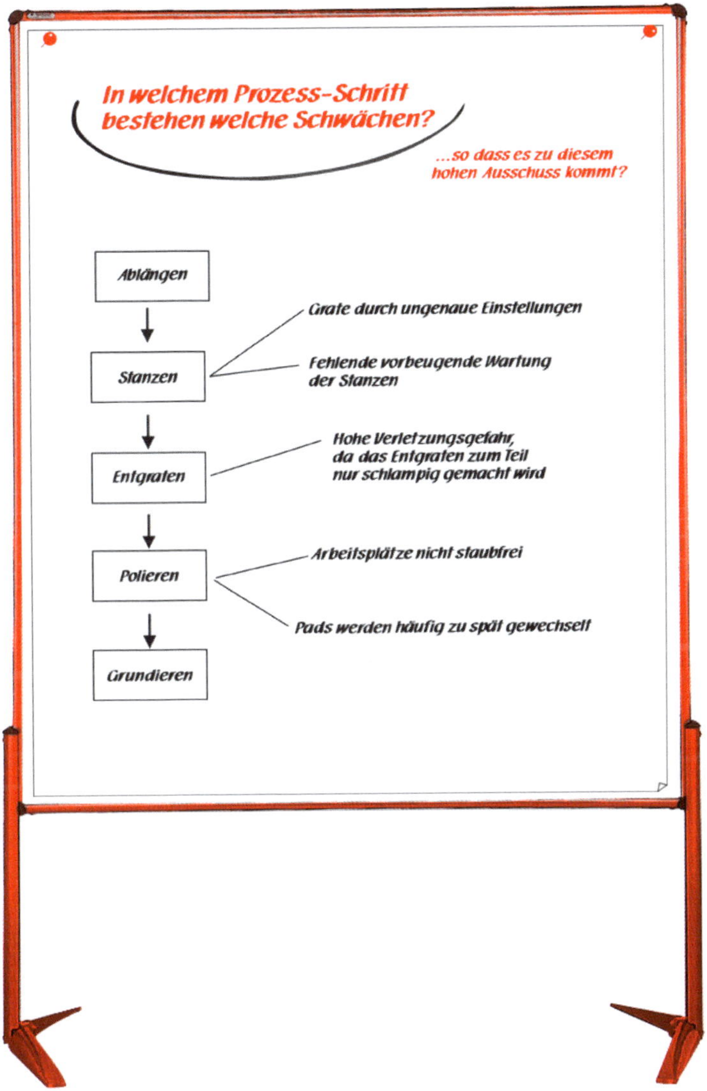

In welchem Prozess-Schritt bestehen welche Schwächen?

...so dass es zu diesem hohen Ausschuss kommt?

```
┌──────────────┐
│   Ablängen   │
└──────┬───────┘
       │         ── Grate durch ungenaue Einstellungen
       ▼
┌──────────────┐   ── Fehlende vorbeugende Wartung
│   Stanzen    │──      der Stanzen
└──────┬───────┘
       │              Hohe Verletzungsgefahr,
       ▼              da das Entgraten zum Teil
┌──────────────┐──    nur schlampig gemacht wird
│  Entgraten   │
└──────┬───────┘
       │         ── Arbeitsplätze nicht staubfrei
       ▼
┌──────────────┐<
│   Polieren   │
└──────┬───────┘── Pads werden häufig zu spät gewechselt
       │
       ▼
┌──────────────┐
│  Grundieren  │
└──────────────┘
```

Abb. 50 – Ablaufplan

141

Was?

„Brainstorming"

Wozu?

Brainstorming ist wahrscheinlich die bekannteste Methode zur Ideenfindung.

Vorteil:
Finden vieler Ideen in kurzer Zeit.

Nachteil:
Für ungeübte Gruppen ist es schwierig, auf eine sofortige Bewertung der Gedanken und Ideen zu verzichten.

Wie?

Die Moderatoren stellen die Methode anhand der visualisierten vier Grundregeln vor; diese lauten:

1. Kein Kritisieren eigener und fremder Gedanken!
2. Freies und ungehemmtes Äußern von Gedanken, auch von außergewöhnlichen Ideen – „Spinnen"!
3. Aufgreifen und Verfolgen der Ideen anderer und
4. Produzieren möglichst vieler Ideen ohne Rücksicht auf deren Qualität (Quantität vor Qualität).

Anschließend bitten Sie die Gruppe, die in Frageform auf Pinnwand oder Flipchart visualisierte Problemstellung in Form einer „Abfrage auf Zuruf" (vgl. S. 118), zu bearbeiten. Die Sammlung der Ideen sollte mindestens zehn, maximal aber 20 Minuten dauern. Eine für alle sichtbare Mitschrift ist wertvoll, sie fördert Assoziationen.

Nach der Phase der Ideensammlung wird das Ergebnis ausgewertet, d. h. geordnet und auf Verwendbarkeit geprüft. Es empfiehlt sich, zwischen den Phasen eine Pause einzulegen.

Wann?

Im Schritt 4: „Thema bearbeiten"

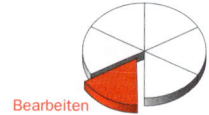
Bearbeiten

Was könnten wir mit unseren Altreifen anfangen?

- verkaufen

- runderneuern

- Verpackungsmaterial herstellen

- bunt anmalen

- für einen Betriebskindergarten nutzen

- Spiellandschaft entwerfen

- der Stadt für Spielplätze
  zur Verfügung stellen

- einen Gummiturm bauen

Abb. 51 – Brainstorming

Was?

„Paarvergleich"

Wozu?

Der Paarvergleich soll helfen, die Komplexität beim/zum Treffen einer Entscheidung zu reduzieren.

Vorteil:
Durch das „Objektivieren" eines Entscheidungsprozesses kann es der Gruppe leichter fallen, eine Entscheidung zu treffen.

Nachteil:
Der Paarvergleich funktioniert nur, wenn sich die zu vergleichenden Aspekte auf derselben Abstraktionsebene befinden und nicht „Äpfel mit Birnen" verglichen werden.

Wie?

Der Moderator klärt mit der Gruppe zunächst, welche Entscheidung zu treffen ist, und formuliert daraus eine Prozessfrage für den Paarvergleich an Flipchart oder Pinnwand. Im Beispiel „Der ideale Rasenmäher" könnte die Prozessfrage lauten: „Welche Merkmale muss unser neuer Rasenmäher (neben einem guten Sicherheitsstandard) aufweisen?" Danach werden per Zuruf wünschenswerte Merkmale gesammelt. Das Motto dazu lautet: „So viel wie nötig, so wenig wie möglich!"

Ist diese Sammlung abgeschlossen, zieht der Moderator einen Trennstrich unter jedes genannte Merkmal und ergänzt die so entstandene Grafik zur „Stiftspitze" hin (vgl. Beispiel). Dann vergleicht die Gruppe jedes Merkmal mit jedem anderen nach der Frage: „Was ist uns im Zweifel lieber, 1 oder 2, 1 oder 3, 1 oder 4, ..., 2 oder 3, 2 oder 4, ...?" Die Moderatoren tragen die Entscheidung in das „Stift-Raster" ein.

Im letzten Schritt wird addiert, wie oft jedes Merkmal gewählt wurde, und es ergibt sich die Rangfolge ihrer Wichtigkeit und damit die angestrebte Entscheidungshilfe.

Wann?

Im Schritt 4: „Thema bearbeiten"

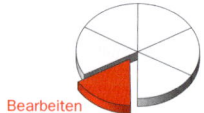

Bearbeiten

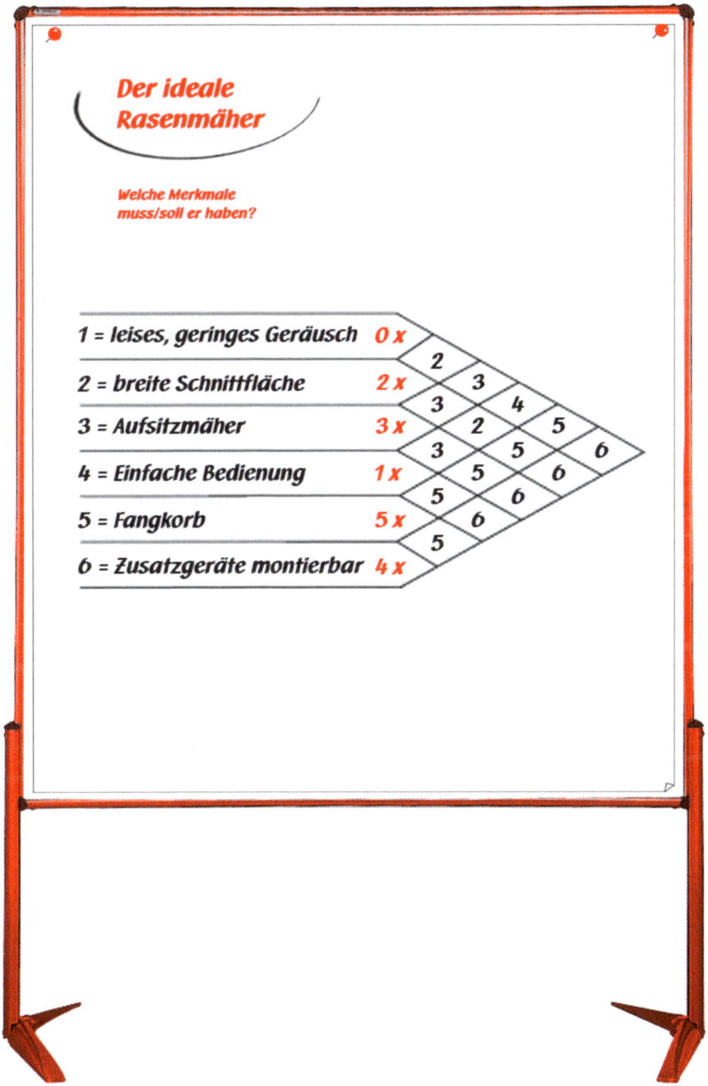

Der ideale Rasenmäher

Welche Merkmale muss/soll er haben?

1 = leises, geringes Geräusch	**0 x**	
2 = breite Schnittfläche	**2 x**	
3 = Aufsitzmäher	**3 x**	
4 = Einfache Bedienung	**1 x**	
5 = Fangkorb	**5 x**	
6 = Zusatzgeräte montierbar	**4 x**	

```
      2
        3
    3     4
      2     5
    3     5     6
      5     6
    5     6
      5
```

Abb. 52 – Paarvergleich mittels "Entscheidungsstift"   **145**

Was?

„Maßnahmenplan"

Wozu?

Der Maßnahmenplan soll gewährleisten, dass die Gruppensitzung nicht ergebnislos bleibt, sondern mit konkreten Vorhaben abgeschlossen wird, zu deren Realisierung auch konkrete Maßnahmen vereinbart werden.

Wie?

Die Moderatoren stellen der Gruppe eine Tabelle vor, deren Spaltenüberschriften bereits visualisiert sind. Es geht darum, festzulegen, ...

... wer
... was
... mit welcher Zielsetzung (wozu)
... bis/ab wann tut und
... wie die Ausführung kontrolliert werden soll bzw. auf welche Art
    die anderen Rückmeldung über deren Erledigung erhalten
    (Check).

Die Gruppe muss sich am Ende der gemeinsamen Arbeit einigen, welche der angedachten Maßnahmen/Lösungen sie konkret weiterverfolgen wird und welche konkreten Maßnahmen sich daraus ergeben.

Aufgabe der Moderatoren ist es, darauf zu achten, dass die einzelnen Maßnahmen möglichst konkret formuliert und von der Gruppe selbst umsetzbar sind. Dies bedeutet, dass in den jeweiligen Spalten nur Namen von Teilnehmern der Gruppe eingetragen werden können und auf konkrete Terminvereinbarungen zu achten ist. Die Moderatoren übernehmen keine inhaltlichen Aufgaben!

Wann?

Im Schritt 5: „Maßnahmen planen"

Planen

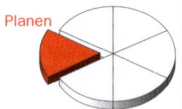

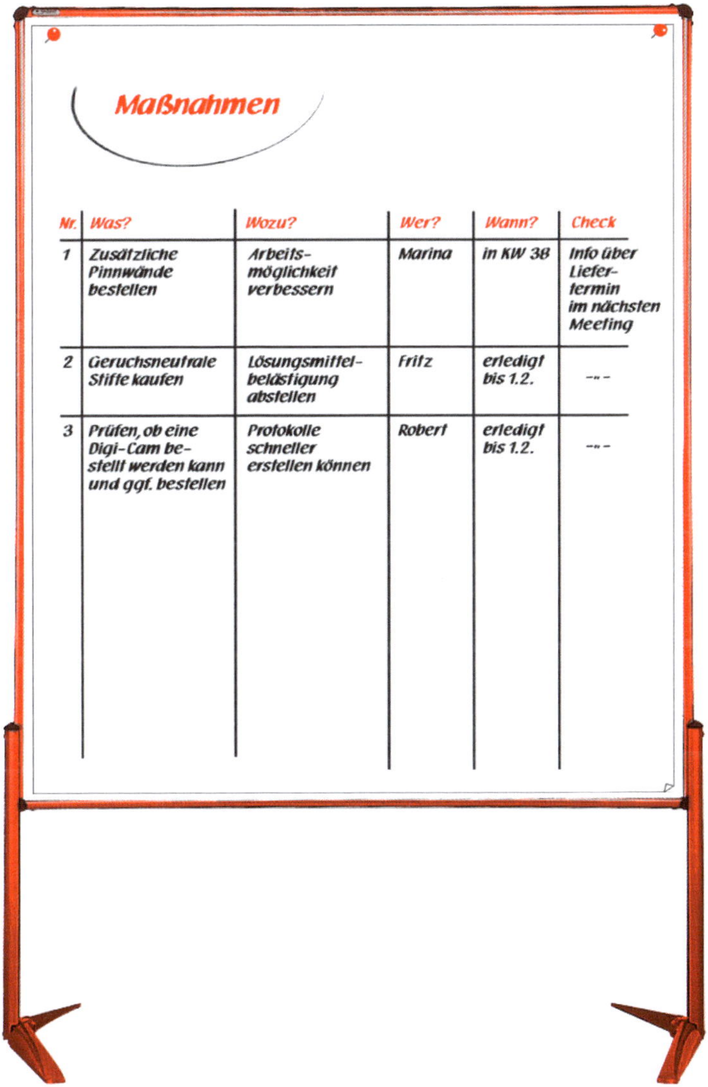

Maßnahmen

Nr.	Was?	Wozu?	Wer?	Wann?	Check
1	Zusätzliche Pinnwände bestellen	Arbeits-möglichkeit verbessern	Marina	in KW 38	Info über Liefer-termin im nächsten Meeting
2	Geruchsneutrale Stifte kaufen	Lösungsmittel-belästigung abstellen	Fritz	erledigt bis 1.2.	– " –
3	Prüfen, ob eine Digi-Cam be-stellt werden kann und ggf. bestellen	Protokolle schneller erstellen können	Robert	erledigt bis 1.2.	– " –

Abb. 53 – Maßnahmenplan　　　　　　　　　　　　　　　　147

Was?

„Stimmungsbarometer"

Wozu?

Das Stimmungsbarometer dient, wie der Name schon sagt, dazu, Stimmungen transparent und besprechbar zu machen.

Wie?

Die Moderatoren stellen der Gruppe ein vorbereitetes Plakat oder Flipchart vor, auf dem eine zur Situation passende Skala jedem Teilnehmer die Möglichkeit bietet, seine persönliche aktuelle Stimmungslage anzugeben.

Die Teilnehmer werden dann aufgefordert, mit einem Klebepunkt ihre momentane Gestimmtheit auf der Skala zu visualisieren.

Das Stimmungsbild wird anschließend besprochen.

Anmerkung: Es handelt sich hier um eine Ein-Punkt-Abfrage.

Wann?

Situationsabhängig an jeder Stelle des Moderationsprozesses einsetzbar; vorrangig aber im Schritt 6: „Abschluss".

Wird das Stimmungsbarometer in festen Zeitintervallen durchgeführt (z.B. täglich), ergibt sich ein Überblick über den Verlauf der Stimmung in der Gruppe über die Gesamtdauer des Treffens.

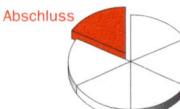

Abb. 54 – Stimmungsbarometer

Was?

„Blitzlicht"

Wozu?

Diese Methode dient dazu, die augenblickliche Stimmung in der Gruppe als Momentaufnahme zu fixieren und so Störungen wie Müdigkeit, Überforderung oder Ärger transparent zu machen.

Eine weitere Anwendungsmöglichkeit ist die Tagesauswertung oder die Bewertung der gesamten Veranstaltung, die das Erleben der Gruppe bezüglich des Arbeitsergebnisses und/oder Gruppenklimas widerspiegelt.

Wie?

Das Blitzlicht wird meist seiner Tradition gemäß ohne Visualisierung durchgeführt.

Jeder Teilnehmer erhält Gelegenheit, etwas darüber zu sagen ...

 ... wie er sich momentan fühlt,
 ... wie zufrieden er mit dem Ergebnis ist,
 ... wie er die Zusammenarbeit in der Gruppe erlebt hat.

Bei dieser Übung sind folgende Regeln zu beachten:

a) jeder hat die Möglichkeit sich zu äußern,
b) jeder sagt so viel oder so wenig er mag,
c) die Beiträge werden weder kommentiert noch diskutiert.

Für die Moderatoren gelten dieselben Regeln.

Wann?

Situativ in jedem Moderationsschritt;
vorrangig aber im Schritt 6: „Abschluss".

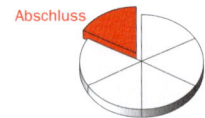

Variante

Das „TZI-Blitzlicht"

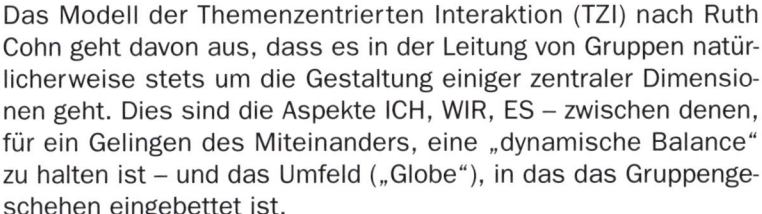

Das Modell der Themenzentrierten Interaktion (TZI) nach Ruth Cohn geht davon aus, dass es in der Leitung von Gruppen natürlicherweise stets um die Gestaltung einiger zentraler Dimensionen geht. Dies sind die Aspekte ICH, WIR, ES – zwischen denen, für ein Gelingen des Miteinanders, eine „dynamische Balance" zu halten ist – und das Umfeld („Globe"), in das das Gruppengeschehen eingebettet ist.

Dabei geht es im Aspekt **ICH** darum zu reflektieren, wie es mir mit mir gegangen ist, ob es mir also zum Beispiel gelungen ist, mich in der Art und in dem Umfang ins Gruppengeschehen einzubringen, wie ich mir das gewünscht hatte, oder inwieweit es mir gelungen ist, „mein eigener Herr" zu sein und mich von der Gruppe nicht vereinnahmen zulassen.

Im Aspekt **WIR** geht es im Gegensatz dazu darum zu hinterfragen, inwieweit ich die Gruppe als Gruppe erlebt habe, die zusammenhält und sowohl am Thema als auch an den anderen interessiert und darum bemüht ist, ein befriedigendes Miteinander zu schaffen.

ES meint das Reflektieren darüber, ob wir in der Sache – um derentwillen wir zusammengekommen sind – weitergekommen sind. Haben wir ernsthaft am Thema gearbeitet, sind wir methodisch geschickt vorgegangen, haben sich neue, interessante, unerwartete Aspekte ergeben, haben wir „etwas erreicht"?

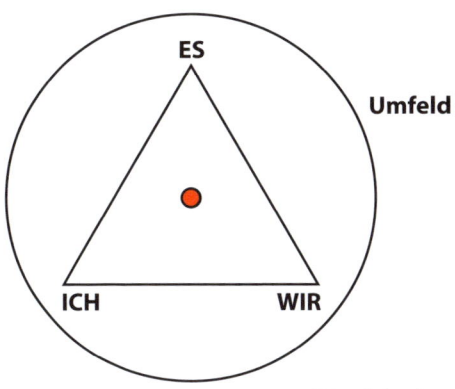

Abb. 55 – Das TZI-Modell

Abschließend geht es um die Betrachtung des **GLOBE,** die Reflexion darüber, wie es mir mit dem gegebenen Umfeld geht: Fühle ich mich wohl, umsorgt, ungestört, angeregt und „gut aufgehoben" oder doch eher – etwa durch die Lichtverhältnisse, den Geräuschpegel, die mangelhafte Verpflegung, ... – gestresst, gehemmt, behindert?

Mögliche Fragen zum Aspekt ICH

- Ist es mir gelungen, mich einzubringen?
- Ist es mir gelungen, meine Interessen deutlich zu machen?
- Wie zufrieden bin ich mit mir?

Mögliche Fragen zum Aspekt WIR

- Haben wir an einem Strang gezogen?
- Fühlte ich mich von der Gruppe gesehen, gehört, respektiert, unterstützt?
- Waren wir aneinander interessiert, sind wir auf einander eingegangen?

Mögliche Fragen zum Aspekt ES

- Wie gut ist es uns gelungen, uns auf das Thema zu konzentrieren?
- Sind wir in der Sache vorangekommen?
- Haben wir uns um Konsens bemüht und darum, gute Lösungen zu finden?

Mögliche Fragen zum Aspekt GLOBE

- Würde ich mir wünschen, dass wir etwas ändern?
- Fühle ich mich in dieser Umgebung wohl, fördert sie das Miteinander?
- Hat mich in dieser Umgebung etwas gestört oder gehemmt?

3.4.4 Prozesssteuerung in der Moderation

Der Moderator ist der Spezialist für Methodik und Prozesssteuerung. Seine Aufgabe ist es, das Miteinander in der Gruppe zu steuern, das heißt, der Gruppe zu helfen, arbeitsfähig zu werden und zu bleiben.

Dies kann er dadurch erreichen, dass er einerseits in der Sache methodisch „sauber" arbeitet und andererseits den emotionalen Prozess der Gruppe gekonnt steuert.

Zur sauberen Arbeit in der Sache wird er sich am Moderationszyklus und den für die sachliche Arbeit vorgeschlagenen Methoden orientieren. Dies ergibt „automatisch" einen wertvollen Beitrag auch zur emotionalen Steuerung der Gruppe.

Das emotionale Gruppengeschehen orientiert sich nicht per se an der Sachstruktur der Arbeit, sondern folgt einem eigenen Rhythmus, der quasi unsichtbar „unter der Oberfläche" verläuft. Die Aufgabe des Moderators ist es nun, „Synchronisationshelfer" zu sein und die emotionalen und sachlichen Phasen in Deckung zu bringen. Zu den „Sach-Phasen" (vgl. S. 100ff.):

- Einstieg
- Sammeln
- Auswählen
- Bearbeiten
- Planen
- Abschluss

kommen die emotionalen Phasen:

- **Orientierungsphase**
- **Arbeitsphase**
- **Abschlussphase**

1	2	3	4	5	6
Einstieg	Sammeln	Auswählen	Bearbeiten	Planen	Abschluss
Orientieren	**Arbeiten**				**Abschließen**

Abb. 56 – Prozess-Phasen

Phase 1: „Orientieren"

In jeder (neuen) Gruppe besteht für den Einzelnen zunächst Unsicherheit darüber, „wie das hier abläuft". Jeder will die „Gefahren" kennen, die auf ihn lauern, und will wissen, auf wen oder was er (besonders) achten muss. Hierzu gehört etwa, dass niemand sich besonders gerne blamiert, und eben dieses könnte passieren, wenn man/frau nicht Bescheid weiß. Der Teilnehmer will also wissen, wie er sich zu verhalten hat, ob die anderen ihn akzeptieren, was erwünscht und was nicht gern gesehen ist, kurz: welche Regeln in der Gruppe gelten (werden).

In diesem Zusammenhang etabliert sich in einer Gruppe stets eine „Hackordnung". Es wird geklärt, wer hier wem, was und wie sagen darf, wem man bereit ist zuzuhören, wessen Meinung „weniger wichtig" ist ...

Diese Klärung läuft nicht offen, sondern wird im Rahmen der Klärung von (scheinbar) wichtigen Sachfragen unter der Hand (mit)verhandelt. Sie muss passieren, sonst ist der Einzelne und damit die Gruppe nicht (voll) arbeitsfähig. Die entstehende Struktur wird in aller Regel nicht exakt so bleiben, aber sie gibt einen ersten Halt.

Der Moderator kann (und sollte) diese Phase aktiv (mit-)gestalten, um der Gruppe möglichst schnell zur (vollen) Arbeitsfähigkeit zu verhelfen. Er kann hierzu:

- Den Anfang vor dem Anfang nutzen!

  Wer kennt nicht die Situation, wo man, kaum angekommen, gleich mit allem Möglichen und Unmöglichen überschüttet wird. Dabei wünscht man sich selbst (physisch anwesend) nichts sehnlicher, als erst einmal (psychisch) „anzukommen". Dieses „Ankommen" beinhaltet das Loslassen des Vorherigen und die Orientierung auf das Kommende. Der Moderator kann hierzu, im Blick auf die emotionale Ebene, Hilfestellung geben. Das sprichwörtliche Gespräch übers Wetter kann hier gute Dienste tun. Ziel ist es, Kontakt zu bekommen, Fremdheit ab- und Vertrautheit aufzubauen, Vertrauen und Sympathie füreinander zu fördern. Der Einzelne soll herausfinden können, mit wem er es zu tun hat.

● Alles formal Klärbare klären!

Hierzu gehört, wie bereits unter „Schritt 1: Einstieg", S. 100 dargestellt:

– Eröffnung der Sitzung
– Abklären der Erwartungen
– Abstimmen/Formulieren der Zielsetzung
– Abstimmen/Festlegen der Methodik
– Klären der Protokollfrage

● Positives Arbeitsklima schaffen

Nur wenn es (dem Moderator) gelingt, konstruktive Regeln für den Umgang miteinander zu etablieren, wird ein positiv-konstruktives Arbeitsklima entstehen. Um dieses Ziel zu erreichen, kann er demonstrieren, dass jeder Teilnehmer wichtig ist, indem er ...

... versucht, durch Blickkontakt und Fragen eine Verbindung zu allen Teilnehmern aufzubauen.

... die Teilnehmer mit Namen anspricht, ihre Beiträge ernst nimmt, Verständnisfragen stellt.

... aktiv zuhört, sich auf den Teilnehmer konzentriert, der gerade spricht, ihn ausreden lässt und versucht, seinen Beitrag zu verstehen.

Schaffen Sie ein positives Klima!

Phase 2: „Arbeiten"

Der Moderator wird die Orientierungsphase „notfalls" etwas länger gestalten, damit sie sich möglichst nicht ins „Sammeln" hineinzieht und er in diesem Arbeitsschritt (immer) noch mit Orientierungsfragen und Positionskämpfen zu tun hat. Die Orientierungsphase wird schließlich fließend in die Arbeitsphase übergehen. Die Gruppenmitglieder wissen, „wohin der Hase läuft", und haben ihren (sozialen/psychologischen) Platz in der Gruppe gefunden. Die Energien sind nun frei für ein gemeinsames Arbeiten an der Sache.

Der Moderator muss in der „Arbeitsphase" auf jeden Fall, neben seinen Sachaufgaben, also dem „Abarbeiten" des Moderationszyklus, auch (gruppen)psychologische Aufgaben erfüllen. Diese liegen in den zwei Bereichen:

- Kommunikations-/Interaktionshilfen geben und
- schwierige Situationen meistern.

Kommunikations-/Interaktionshilfen geben

Mit anderen kommunizieren kann jeder, keiner kann es nicht. Trotzdem ist es gar nicht so einfach, gekonnt zu kommunizieren, dies gilt besonders in einer (unbekannten) Gruppe. Zu den Aufgaben des Moderators gehört es, den Gruppenmitgliedern hierzu Hilfen an die Hand zu geben. So kann er beispielsweise zu Beginn der Sitzung, aber auch erst während der Moderation, sozusagen „bei Bedarf", Verhaltensregeln für die gemeinsame Arbeit vorschlagen und diese bei Gruppenkonsens einführen. Neben rein organisatorischen Vereinbarungen, wie etwa „Im Gruppenraum wird nicht geraucht", können „Spielregeln" vereinbart werden, die die Art und Weise der Kommunikation in der Gruppe festlegen. Praxisbewährte Regeln sind etwa:

- Störungen haben Vorrang!

  Wenn das Arbeitsklima nicht stimmt, ist eine inhaltliche Weiterarbeit nicht sinnvoll. Das heißt, dass Störungen, wie Vorbehalte, Ärger, Uneinigkeit, Müdigkeit und Lustlosigkeit, bearbeitet werden müssen. Sie zu erkennen und anzusprechen ist Aufgabe jedes Gruppenmitglieds, vorrangig aber des Moderators.

Dies ist nicht (immer) leicht, da es Zeit kostet und einen Konflikt heraufbeschwört. Zum Ansprechen einer Störung kann sich der Moderator der „Technik des Feedback" bedienen und/oder ein „Stimmungsbarometer" zur Prozessevaluierung benutzen, wie es auf Seite 148f. dargestellt ist. Auf jeden Fall muss er unbedingt die „Regeln für das Geben von Feedback" sowie die „Regeln für das Annehmen von Feedback", wie sie auf Seite 82ff. dargestellt sind, beherrschen. Es ist gegebenenfalls sogar notwendig, zur „sauberen" Bearbeitung einer Störung diese Regeln mit der Gruppe (vorab) zu besprechen. Zum Bearbeiten einer Störung ist das Sprechen über die (Gesprächs-)Situation erforderlich, dies nennt man **„Meta-Kommunikation"**.

- Sprich per „ich" und nicht per „man"!*

Sinn dieser Regel ist es, jeden Teilnehmer zu verpflichten, die Verantwortung für seine Aussagen zu übernehmen und sich nicht hinter einem unpersönlichen „man" zu verstecken.

- Sprich für dich – nicht für andere!*

Diese Regel zielt darauf ab, dass jeder ausschließlich in seinem Namen spricht und auf Interpretationen (weitestgehend) verzichtet. Es ist dann unzulässig, davon zu sprechen, was andere gesehen, empfunden, gemeint, ... haben könnten,

---

* vgl. TZI-Regeln von Ruth Cohn in: Von der Psychologie zur themenzentrierten Interaktion, Klett-Cotta, Stuttgart 1997

sollten, müssten ... Jeder sollte davon sprechen, was er gesehen hat, und/oder die anderen Gruppenmitglieder fragen, wie sie etwas verstanden, erlebt, ... haben. Die Kommunikation in der Gruppe wird dadurch authentischer und klarer, der Umgang miteinander ehrlicher und leichter.

Schwierige Situationen meistern

In jeder Gruppe kann es zu (auch für den Moderator) schwierigen Situationen kommen, deren positiv-konstruktive Bewältigung für den Erfolg der Moderation entscheidend ist. Hier einige Beispiele:

- Gruppe macht nicht mit

  Macht eine Gruppe nicht mit, indem die Teilnehmer kaum inhaltliche Beiträge liefern und/oder eher destruktive Verhaltensweisen zeigen, muss der Moderator die Ebene der inhaltlichen Arbeit verlassen und eine „Störung" anmelden (vgl. oben, S. 156f.). Er wird die Situation ansprechen, nach den Ursachen fragen und mit der Gruppe nach einer Möglichkeit für eine sinnvolle Weiterarbeit suchen.

- Gruppe akzeptiert die vorgeschlagene Methodik nicht

  Wenn die Gruppe die vom Moderator vorgeschlagene Vorgehensweise nicht akzeptiert, muss der Moderator dies zunächst akzeptieren. Er wird nach der Begründung für die Ablehnung fragen und versuchen, diese zu verstehen. Hat die Gruppe schlicht eine bessere Idee zur Vorgehensweise, wird der Moderator diese aufgreifen. Meist stehen in einem solchen Fall aber Ängste dahinter, deren sich der Einzelne nicht unbedingt bewusst ist und die deshalb möglicherweise nicht verbalisiert werden (können). Die Aufgabe des Moderators ist es dann, mit der und für die Gruppe eine Vorgehensweise zu finden, die die Gruppenmitglieder mittragen (können).

  Aber: Nicht ohne Not die eigene Methodik in Frage stellen!

● Methodik funktioniert nicht

Die Gruppe einigt sich, bevor sie zu arbeiten beginnt, darauf, wie sie vorgehen möchte; der Moderator schlägt entsprechende Methoden vor. Wird nun im Verlauf der Arbeit deutlich, dass die Gruppe mit der gewählten Arbeitsweise nicht vorwärtskommt, sondern sich im Kreise dreht, sich „an einem Punkt festbeißt", so ist es in aller Regel das Sinnvollste, wenn der Moderator dies thematisiert und mit der Gruppe nach einer anderen, effektiveren Vorgehensweise sucht, statt sich etwa aus Angst vor einer Blamage noch weiter zu verstricken. Zwar gilt auch hier der Spruch „Das Baby zählt und nicht die Wehen", und der Moderator könnte hoffen, dass er mit der Gruppe schon irgendwie noch „die Kurve kriegen" wird, dennoch ist es in aller Regel besser, einen methodischen Schnitt zu machen und (nach einer kurzen Pause) neu aufzusetzen.

● Es entsteht Zeitdruck

Trotz Zeitplanung kann Zeitknappheit entstehen. Damit dies nicht zu Zeitdruck führt, muss der Moderator die Zeitnot rechtzeitig ansprechen und klären, wie die Gruppe damit umgehen will. Keinesfalls dürfen „offene Enden" entstehen, d. h., dass es für alle Themen, die behandelt werden soll(t)en, klare Vereinbarungen geben muss, wie damit weiterverfahren wird (vgl. hierzu „Maßnahmenplan", S. 146f.).

Sollte es erforderlich sein, den Prozess der Themenbearbeitung (vorübergehend) sehr straff zu gestalten, kann der Moderator sich der Technik der „visuellen Diskussion" bedienen.

Am Rande: Eine ausführliche Darstellung der Thematik der Steuerung des sozialen Gruppenprozesses finden Sie in: Josef W. Seifert, „Moderation & Kommunikation", GABAL Verlag

Visuelle Diskussion

Das konsequente Mitvisualisieren aller in der Gruppe geäußerten Gedanken, ob nun auf Karten oder direkt aufs Papier, bezeichnet man in der Moderation als „visuelle Diskussion". Sie ist die Art des Arbeitens, bei der mittels Visualisierung miteinander diskutiert wird. Jeder spricht quasi mit der Pinnwand und nicht (direkt) mit dem anderen in der Gruppe. Die Gruppe spinnt unter Zuhilfenahme der Visualisierung durch den Moderator das Netz(-bild) des Gesagten.

Im „normalen" Moderationsprozess wird der Moderator nicht alles, was in einem lebhaften Dialog entsteht, (so) aufs Papier bringen (können). In der visuellen Diskussion dagegen ist gerade dies angestrebt, um die Diskussion auf jeweils einen konkreten Punkt zu fokussieren und zu straffen. Gedankliches „Springen" ist nicht möglich.

Extrem visuelles Diskutieren zwingt zur Konzentration auf das Wesentliche. Sie „knebelt" aber auch das Gespräch und somit den emotionalen Kontakt untereinander. Es ist daher wichtig, diese Art der Prozesssteuerung nicht überzustrapazieren.

Die Visualisierungsmethode, die sich hierfür am besten eignet, ist das (dem Mind-Mapping ähnliche) „Netzbild" (vgl. S. 136f.).

Bei der visuellen Diskussion wird der Moderator ...

... die Methodik (wie jede andere auch) erst kurz einführen, also erklären:

> *„Ich schlage vor, wir versuchen, das Ganze mal in ein Netzbild zu bringen. Ich meine damit ..."*

... jede Nennung sofort auf ihren Bezug zum momentan diskutierten Thema/Aspekt prüfen:

> *„Wo soll ich das dazuschreiben?" - „Wie soll ich es formulieren?"*

● Es laufen persönliche Angriffe

Persönlichen Angriffen in Form von unsachlichen und/oder emotional heftigen, ironischen oder gar sarkastischen Äußerungen gegenüber anderen Gruppenmitgliedern oder dem Moderator kann der Moderator am besten so begegnen, dass er den Beitrag versachlicht, indem er konkret wird. Dies bedeutet, dass er weder mit einer Zurechtweisung noch mit einem Gegenangriff reagiert. Er nimmt den Beitrag ernst und hinterfragt, wie denn das Gesagte zu verstehen sei, was damit gemeint sei oder wo der Sprecher den Zusammenhang zum Thema sehe, was die Gruppe nun damit anfangen solle. In der Regel wird sich der „Angreifer" dadurch selbst seiner Destruktivität bewusst und besinnt sich eines Besseren; in hartnäckigen Fällen wird der Moderator ...

... in der nächsten Pause um ein persönliches Gespräch bitten und die Situation mit der befreffenden Person klären. Sind zwei Teilnehmer betroffen, wird er

... das persönliche Gespräch mit den beiden „Streithähnen" suchen und die Situation klären. Wenn dies nicht möglich ist, muss er

... die sachliche Arbeit unterbrechen/beenden und mit der Gruppe Meta-Kommunikation betreiben (siehe hierzu S. 157).

161

● Vielredner dominiert die Gruppe

Der Moderator hat die Aufgabe, darauf zu achten, dass jeder Teilnehmer sich einbringen kann. Dies bedeutet z.B., dass er „Stille" immer wieder durch gezieltes Ansprechen und (Nach-)Fragen zur Beteiligung ermuntert. Erschwert wird dies, wenn sich ein Gruppenmitglied durch häufige und (mehr als) ausführliche Beiträge in den Vordergrund drängt und kaum zu bremsen ist. Da hinter einem derartigen Verhalten in aller Regel ein starkes Bedürfnis nach Aufmerksamkeit und Anerkennung steht, kann der Moderator dadurch ausgleichend wirken, dass er einerseits zu erkennen gibt, dass er ihn und seine Beiträge ernst nimmt, indem er sie deutlich anerkennt, und andererseits methodisch gegensteuert. Hierzu kann er zum Beispiel ...

... die Beiträge unterbrechen und dadurch zu verkürzen versuchen, dass er sich bemüht, durch Nachfragen „auf den Punkt" zu kommen.

... den Kerngedanken des Beitrags mitvisualisieren (vgl. S. 160, „Visuelle Diskussion").

... die Gruppe zum Gesagten Stellung nehmen lassen.

... den einen oder anderen Beitrag erst gar nicht zulassen, indem er gezielt andere Teilnehmer, z.B. „Stille", anspricht.

Hinweis: Eine ausführliche Darstellung dieses „feinstofflichen" Bereichs des Moderierens finden Sie in: Seifert, Josef W., Moderation & Kommunikation, GABAL Verlag, Offenbach

Phase 3: „Abschließen"

Die Teilnehmer werden gegen Ende der Moderation, abhängig von der Länge der Zusammenarbeit, den Inhalten und den erzielten Erfolgen, in mehr oder weniger intensive Abschiedsstimmung kommen. Diese Gruppenphase ist geprägt durch ...

> ... den Wunsch, keine „offenen Enden" zu hinterlassen,
> ... Zweifel, ob das in der Praxis wohl alles so klappen wird, wie man sich das hier (aus)gedacht hat, und
> ... Gedanken an das, was der Einzelne nach dieser Zusammenkunft zu tun hat.

Die Teilnehmer sollen die Veranstaltung in positiver Stimmung und mit dem festen Vorsatz, die beschlossenen Maßnahmen in die Tat umzusetzen, verlassen. Der Moderator kann/sollte/muss jetzt ...

- dafür sorgen, dass (inhaltlich) nichts offenbleibt.

Die im Schritt 2 des Moderationszyklus gesammelten Themen/Aspekte müssen am Ende der Zusammenkunft bearbeitet sein! Natürlich kommt es in der Praxis vor, dass die Zeitdecke zu kurz wird. Es ist allerdings ein Kardinalfehler der Moderation, Themen(aspekte) zu sammeln und dann, weil die Zeit nicht reicht, offenzulassen. Was aber tun, wenn die Zeit nicht reicht?
Auf jeden Fall muss die Gruppe sich darüber verständigen, wie sie mit den noch offenen Punkten umgehen will, die aus Zeitgründen nicht (ausführlich) bearbeitet werden können. Dies sollte dann allerdings nicht erst in letzter Sekunde, unter Zeitdruck, geschehen, sondern bereits dann, wenn abzusehen ist, dass die Zeit knapp wird. Die Beschlüsse hierzu werden dann als Maßnahme vermerkt (vgl. S. 103f. und 146f.).

- mit der Gruppe den Prozess reflektieren.

Das Reflektieren des Gruppenprozesses (vgl. S. 90f. und S. 104) und/oder der momentanen Situation gibt jedem Gruppenmitglied die Möglichkeit, dem Moderator und/oder der Gruppe noch etwas mitzuteilen, und hilft dem Einzelnen, „loszulassen" und (auch innerlich) Abschied zu nehmen. (vgl. „TZI-Blitzlicht" S. 151)

● den Teilnehmern danken.

Den Teilnehmern zu danken ist (wie die Praxis zeigt) weder eine Selbstverständlichkeit noch eine leere Floskel. Ohne die konstruktive Mitarbeit der Gruppenmitglieder hätte der Moderator seiner Verpflichtung nicht nachkommen können, die Gruppe zu ihrem Ziel zu führen. Er hätte nicht einmal ein klares Ziel zu Papier bringen können … Moderation braucht Partnerschaft. Sie bedarf beider Seiten für den Erfolg: einer, die führt, und einer, die sich führen lässt.

● die Teilnehmer positiv verabschieden.

Die Teilnehmer sollen die Veranstaltung (möglichst) in positiver Stimmung verlassen. Die Schlussszene/das Schlusswort sollte, der Situation angemessen, so positiv wie möglich ausfallen. Hierzu kann ein Gläschen Sekt gehören oder auch „nur" ein positives Schlusswort.

Übrigens: Es ist (fast) immer möglich, positiv abzuschließen!

Schließen Sie positiv ab!

3.4.5 Exkurs Besprechungsmoderation

Die Leitung einer Besprechung ist im Grunde nichts anderes als das Moderieren einer Gruppe. Ein Unterschied besteht in der Praxis vor allem deshalb, weil in einer „klassischen" Besprechung ...

> ... die Medien der Moderation, vor allem Pinnwände, meist nicht eingesetzt werden (können) und somit
>
> ... die Methoden der Moderation kaum für die Besprechung genutzt werden.
>
> ... der Moderator meist nicht der inhaltlich unbeteiligte Dritte ist, sondern der „Probleminhaber", der Projektleiter oder gar der Vorgesetzte.

Um moderierte Besprechungen durchführen zu können, ist es deshalb zunächst erforderlich, die entsprechenden „hardwaremäßigen" Voraussetzungen zu schaffen (vgl. 3.4.2 „Hilfsmittel für eine Moderation").

Selbst wenn es in einer Besprechung, etwa aufgrund vieler benötigter Unterlagen, notwendig sein sollte, mit Tischen zu arbeiten, und insofern schon von den „Gepflogenheiten" der „klassischen" Moderation abgewichen werden muss, so ist es doch möglich, Methoden aus der Moderation für die Besprechung zu nutzen.

Es gibt keine starre Regelung, welche Methodik für eine bestimmte Besprechungsphase zu verwenden ist. Ich möchte Sie jedoch ermuntern, die Moderation oder Teile daraus für Ihre Besprechungspraxis zu nutzen. Hier einige ...

Tipps für die Besprechungsmoderation:

Denken Sie als Leiter unbedingt die Methodik vor, mit der Sie die Gruppe in der Besprechung zum Ziel führen wollen. Begnügen Sie sich nicht damit, die ersten Schritte zu planen – denken Sie den methodischen Weg für die Sitzung, wenn irgend möglich, bis zum Ende durch.

Stellen Sie zu Beginn der Besprechung Ihre Methodik vor und halten Sie diese dann auch durch.

Falls Sie keine Zeit zur Vorbereitung hatten, verständigen Sie sich mit den Teilnehmern zunächst über Zielsetzung und Vorgehensweise.

Wenn die Tagesordnungspunkte nicht schon vorab festgelegt wurden, müssen sie zu Beginn gesammelt werden (keine Methodikdiskussion ohne konkrete Themen und Zielsetzung!). Als Methode bietet sich hierzu die „Abfrage auf Zuruf" (S. 118) an.

Zur Festlegung der Prioritäten kann anschließend mit einer „Mehr-Punkt-Abfrage" (S. 126) eine Rangfolge ermittelt werden.

Entwerfen Sie bei Problemlösebesprechungen erst einige Lösungsalternativen, bevor Sie sich entscheiden. Mögliche Methoden: Brainstorming (S. 142) und Zwei-Felder-Tafel (S. 128).

Eine Entscheidung kann per Konsens oder „Mehr-Punkt-Abfrage" herbeigeführt werden.

Achten Sie am Ende der Besprechung auf klare Vereinbarungen, erstellen Sie mit den Teilnehmern einen „Maßnahmen-" oder „Aktionsplan" (vgl. S. 146).

… und wie war das mit dem „unbeteiligten Dritten"?

Sind Sie als Moderator oder Leiter der Besprechung nicht in der glücklichen Lage, als inhaltlich Unbeteiligter agieren zu können, sollten Sie versuchen, so gut es geht, die beiden Rollen „Partei" und „Moderator" zu trennen. Sie können dies:

A) **Nonverbal,** indem Sie immer dann, wenn Sie als Moderator agieren, stehen, und immer, wenn Sie sich inhaltlich einbringen, sitzen.

B) **Verbal,** indem Sie Ihre inhaltlichen Beiträge mit Worten einleiten, wie: *„Für mich als Leiter XYZ wäre es in diesem Zusammenhang wichtig …"* und Ihre moderatorischen Schritte dagegen mit Worten wie: *„Methodisch könnte ich mir vorstellen, dass wir zunächst …"* oder *„Was bringt uns denn jetzt von der Methodik her weiter?"*.

Besprechungsmoderation *
am Beispiel einer Problemlöse-Besprechung

Die Moderationsmethoden können auch für die Besprechung genutzt werden. Hier ein Beispiel:

Moderations-schritt	Besprechungs-phase	Moderationsmethodik für die Besprechung (beispielhaft)
Einstieg	Eröffnung	Sitzordnung in Halbkreis- oder U-Form. Visualisierung von Thema, Zielsetzung und Vorgehensschritten auf Flipchart oder Pinnwand; Erwartungsabfrage
Themen sammeln	Tagesordnung abstimmen	Erstellen eines Themenspeichers durch Visualisierung der Tagesordnungspunkte auf Flipchart oder Pinnwand per Zuruf
Thema auswählen	Bearbeitungsreihenfolge festlegen	Mehr-Punkt-Abfrage am Themenspeicher
Thema bearbeiten	Problem konkretisieren	Zwei-Felder-Tafel
	Lösungs-alternativen entwickeln	Zwei-Felder-Tafel
	Entscheiden	Mehr-Punkt-Abfrage
Maßnahmen planen	Planung	Maßnahmenplan inklusive Klärung der Protokollfrage
Abschluss	Abschluss	Blitzlicht

Abb. 57 – Besprechungsmoderation

* Eine ausführliche Darstellung dieser Thematik finden Sie in: Seifert, Josef W., Besprechungen erfolgreich moderieren, GABAL Verlag

3.4.6 Exkurs Großgruppenmoderation

Der Moderationszyklus ist ein mächtiges, anerkanntes Werkzeug, wenn es um die Gestaltung von Besprechungen, Projektmeetings, Workshops, kurz: Gruppengesprächen geht. Aber was tun, wenn es erforderlich ist, mit einer Großgruppe zu arbeiten? Eine Veranstaltung mit (mehreren) hundert Menschen kann man ja nun nicht gerade als „Gruppengespräch" bezeichnen – oder doch?

Je mehr Menschen an einer moderierten Veranstaltung beteiligt sind, desto geringer wird die verfügbare Redezeit, die der Einzelne zur Verfügung hat. Dies gilt aber nur fürs Plenum, denn jede Großgruppenmoderation splittet die große Gruppe in Teilgruppen auf, in denen dann intensive Gruppengespräche stattfinden können. Wie das Moderationsdesign / Moderationssetting für eine Großgruppenveranstaltung konkret aussieht, hängt jeweils von der Gruppengröße und der angestrebten Zielsetzung ab.

Im Zusammenhang mit Großgruppen ist immer wieder von „Selbstorganisation" die Rede. Achtung, das Setting für die Moderation entsteht auch bei Großgruppen nicht durch Selbstorganisation der Gruppe. Vielmehr gilt auch hier das alte persische Sprichwort:

> *„Vertraue auf Gott und binde Dein Kamel fest."*

Oder anders ausgedrückt: Jede Moderation lebt zwar ganz zentral vom Engagement der Beteiligten, es liegt aber in der Verantwortung des Moderators – bei Großgruppen sicherlich des Moderatoren-Teams –, wie viele „Freiheitsgrade" die Gruppe erhält und an welcher Stelle Raum für Selbstorganisation gegeben werden kann / soll / muss.

Auch bei Großgruppen müssen die einzelnen Moderationsphasen durchdacht, sehr konkret geplant und vorbereitet werden. Der Moderationszyklus bildet auch hier das Framework zur **Strukturierung.**

Beim Arbeiten mit großen Gruppen sind jedoch „Reduktionsverfahren" erforderlich, die das Arbeiten mit den klassischen Moderationsmedien auch für große Gruppen ermöglichen.

Im klassischen Workshop können im offenen Stuhlkreis (vgl. S. 66f.) bis zu 20 Personen Platz finden. Für größere Gruppen kann auch eine zweite Stuhlreihe angefügt werden, so dass bis zu 40 Personen im Halbkreis sitzen können. Schließt man den Kreis komplett, so können bis zu 80 Personen Platz finden. Bei noch größeren Gruppen ist diese Sitzordnung jedoch nicht mehr sinnvoll oder gar nicht mehr darstellbar, es wird eine „Tischlandschaft" geben müssen. Bei sehr großen Gruppen erhalten die Moderatoren eine Bühne oder/und werden per Kamera auf eine große Leinwand übertragen, um noch von allen gesehen zu werden.

Abb. 58 – Großgruppenmoderation

Das Arbeiten mit einer großen Gruppe kann, in Anlehnung an **„Open Space"** (vgl. Literaturverzeichnis), folgendermaßen aussehen:

Abb. 59 – Open Space

Die Teilnehmer sitzen in einem geschlossenen Stuhlkreis; bei sehr großen Gruppen in mehreren Reihen hintereinander. In der Mitte des Kreises befinden sich Karten und Stifte und ggf. ein Mikrofon.

Ablauf nach dem Moderationszyklus

1) Einsteigen: Die Veranstaltung wird offiziell eröffnet, der Ablauf erläutert (vgl. auch Seite 100f.).

2) Sammeln: Nach Eröffnung der Veranstaltung werden die Themen gesammelt, die aus Sicht der Gruppe bearbeitet werden sollen. Dazu kann jeder aufstehen, in die Mitte des Kreises gehen und ein Thema auf eine Karte schreiben, das er zur Bearbeitung vorschlägt. Das Thema/Anliegen des Schreibers wird von diesem dann kurz erläutert. Damit übernimmt er die „Patenschaft" für dieses Thema.

3) Auswählen: Sind die Themen gesammelt, schlagen die „Themenpaten" an einer Pinnwand Raum und Zeit zur Themenbearbeitung vor (vgl. Abb. 60). Danach ordnen sich diejenigen, die kein Thema benannt haben, den vorgeschlagenen Themen und damit entsprechenden Kleingruppen zu.

4) Bearbeiten: Die Themen werden dann – meist mit einer Zwei-Felder-Tafel (vgl. Seite 128f.) – in parallel laufenden Mini-Workshops à 1-2 Stunden bearbeitet.

Die Arbeitsergebnisse werden anschließend entweder in einer Vernissage gezeigt oder/und in PCs eingetippt, ausgedruckt und an die anderen Teilnehmer verteilt.

5) Planen: Als letzter inhaltlicher Schritt werden die Themen ausgewählt, die über die Konferenz hinaus weiterverfolgt werden sollen, und entsprechende „Projektgruppen" gebildet.

6) Abschließen: Im letzten Schritt wird die gemeinsame Arbeit gewürdigt und der Auftraggeber setzt den offiziellen Schlusspunkt (vgl. Seite 163f.).

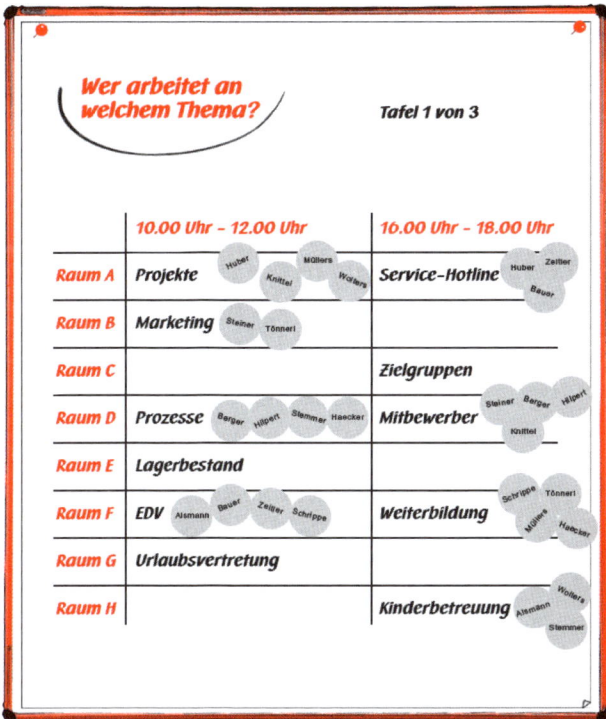

Abb. 60 – Auswählen & Gruppeneinteilung

3.5 Nachbereitung einer Moderation

3.5.1 Persönliche Nachbereitung

Der Moderator wird nach der Gruppenarbeit (ggf. mit seinem Co-Moderator) den Verlauf der Arbeit reflektieren und sich fragen, was nun zu tun ist und wie es weitergeht. Dies betrifft die drei Bereiche:

- Rückblick
- Hausaufgaben
- Weitere Entwicklung

Rückblick
Um die Arbeit mit der Gruppe auch für sich persönlich abzu-schließen und aus dem Erlebten seine „Lehren zu ziehen", wird sich der Moderator Fragen stellen wie:

- Ist die Zielsetzung erreicht?
- Bin ich mit dem Ergebnis zufrieden?
- Bin ich mit dem Verlauf zufrieden?
- War meine Vorbereitung gut genug?

Hausaufgaben
Der Moderator übernimmt in der Gruppensitzung keine Aufgaben, die sich aus der inhaltlichen Arbeit ergeben, es kann aber sein, dass er sich bereit erklärt, das Protokoll zu erstellen oder ande-re „Hausaufgaben" zu erledigen, die mit der organisatorischen, methodischen oder prozessualen Ebene der Arbeit zu tun haben. Deren Erledigung muss er nach der Moderation konkret einplanen.

Weitere Entwicklung
Die Arbeit der Gruppe ist mit dem Abschluss der (ersten) Mode-ration meist noch nicht zu Ende. Der Moderator muss deshalb überlegen, was er bezüglich der weiteren Entwicklung zu tun hat, und die entsprechenden Schritte bedenken. So wird er beispiels-weise die Vorbereitung der nächsten Moderation einplanen.

3.5.2 Organisatorische Nachbereitung

Nach der Gruppensitzung muss die Arbeit auch organisatorisch nachbereitet werden. Es muss zumindest ...

- ... der Raum in Ordnung gebracht werden,
- ... ggf. die Rückgabe geliehener Medien erfolgen,
- ... das Protokoll erstellt werden und
- ... das Protokoll verteilt werden.

Der Raum sollte weitestgehend wieder so aussehen, wie man ihn betreten hat. Nur so kann man im Wiederholungsfall mit dem Wohlwollen des Hausherren rechnen.

Sollte an den Medien etwas kaputtgegangen sein, sollte man sofort(!) für Abhilfe sorgen, da dies schon einen äußerst wertvollen Teil der Vorbereitung für den nächsten Einsatz bedeutet.

Apropos Protokoll …

Protokolle unterscheidet man grundsätzlich in:

● Verlaufsprotokoll

Diese Protokollart kann man weiter unterscheiden in das so genannte „Vollprotokoll" und das „Teil- oder Kurzprotokoll".

Für das Vollprotokoll wird während der Sitzung alles, was gesagt wird, wörtlich mitgeschrieben. Es hat „Beweischarakter". Das klassische Beispiel dafür sind Protokolle von Bundestagssitzungen.
Das Teil- oder Kurzprotokoll enthält nur das, worauf man sich einigt, dass es ins Protokoll aufgenommen werden soll. Es enthält aber immer auch die Ergebnisse/Beschlüsse aus der Sitzung.

● Ergebnisprotokoll

Dieses Protokoll enthält ausschließlich die Ergebnisse/ Beschlüsse der Zusammenkunft. Der Weg, wie man zu welchem Ergebnis kam, ist nicht dokumentiert.

Diese Protokolle bestehen meist aus „Schreibmaschinenseiten". Im Gegensatz dazu ist in der Moderation eine andere Art des Protokolls üblich, das sogenannte „Fotoprotokoll".

● Fotoprotokoll

Für ein Fotoprotokoll wird alles, was während des Arbeitsprozesses an Visualisierungen gezeigt wird und/oder neu entsteht, originalgetreu für das Protokoll verwendet. Die Plakate und Flipchartbögen werden nach der Veranstaltung einfach abfotografiert und die (Kopien) Fotos werden zu einem Protokoll zusammengefasst. Unterlagen (Flips, Folien …) von eventuellen Kurzpräsentationen, die während der Zusammenkunft stattgefunden haben, ergänzen das Protokoll als „Anlage". Inhaltlich entspricht dies einem Teil-/Kurzprotokoll (Verlaufsprotokoll). Nutzt man nur den Maßnahmenplan (vgl. S. 146), so hat es den Charakter eines Ergebnisprotokolls, die Form ist in beiden Fällen jedoch eine völlig andere. Die digitale Form der Schreibmaschinenbuchstaben wird ersetzt durch die analoge Form des Bildes.

Das Fotoprotokoll hat einem „normalen" Protokoll gegenüber folgende Vorteile:

✓ Ein separater Protokollführer ist nicht erforderlich, es muss nichts ins Reine geschrieben werden.

✓ Das Protokoll ist eine echte Dokumentation. Es gibt die erstellten Flipcharts und Plakate originalgetreu wieder.

✓ Der Text bedarf keiner „Freigabe" durch die Teilnehmer. Alle waren bei dessen Erstellung dabei.

✓ Das Protokoll ist ein emotionaler Anker für die Teilnehmer. Es kann diesbezüglich auch um Fotos von Szenen aus der Veranstaltung ergänzt werden.

Aber, wo Licht ist, ist auch Schatten: Der Haken an der Geschichte ist, dass die Herstellung handwerklich nicht ganz einfach ist.

Zum „Handwerk" der Fotoprotokoll-Erstellung

Um ein professionelles Fotoprotokoll zu erstellen, wird zunächst mit einer auflösungsstarken Digitalkamera alles abfotografiert, was an Pinnwandpapier und Flipchartbögen ins Protokoll soll. Dies geht am einfachsten in einem „Fotostudio", also einem Raum, in dem man stets die gleichen Lichtverhältnisse hat (oder herstellen kann). In der Regel ist der Einsatz eines Standblitzgeräts sinnvoll. Die digitalen Fotos werden in den PC geladen und mit einem leistungsfähigen Fotoprotokoll-Programm, wie etwa „PhotoMinutes" (www.photominutes.com), zum Fotoprotokoll zusammengestellt.

Das Protokoll kann dann als JPG-Diashow oder PDF-File abgespeichert, schwarz-weiß oder bunt ausgedruckt und kopiert, auf CD gebrannt oder direkt per E-Mail versandt werden. Bei „Photo Minutes" kommt eine Besonderheit hinzu: Das Protokoll kann auf den eigenen Webspace hochgeladen werden und die Teilnehmer erhalten eine E-Mail mit einem Downloadlink. Der Vorteil dieses Verfahrens liegt darin, dass das Protokoll unabhängig von der Größe problemlos via E-Mail zugestellt werden kann.

EXKURS zum Schluss: Tipps fürs Podium

Moderation ist nicht gleich Moderation: Ich unterscheide zwischen „Unterhaltungsmoderation" (was dem Wortsinn gemäß eigentlich keine Moderation ist), „Businessmoderation" (darum ging es im Teil 3 dieses Buches) und „Journalistischer oder Informations-Moderation" (darum geht's im Folgenden). Zur Differenzierung* vgl. S. 87. Nichtsdestotrotz werden Moderatoren – auch ohne, dass sie journalistisch tätig sind – immer wieder angefragt, eine Gesprächsrunde mit Entscheidungsträgern, Experten und/oder mit Betroffenen eines Vorhabens oder einer Entscheidung zu moderieren. In der Regel ist das die klassische Podiumsdiskussion mit Publikum. Deshalb hier ergänzend Tipps für die Praxis der „Informations-Moderation"!

Die Moderationsarten sind eng miteinander verwandt. Das im Buch bereits Gesagte ist daher auch für diese Art des Moderierens gültig. Die Hauptunterschiede liegen darin, dass bei journalistischer Moderation auf prozessbegleitende Visualisierung verzichtet wird, da es nicht darum geht, konkrete Maßnahmen zur Lösung von Problemen zu vereinbaren, sondern darum, Meinungen auszutauschen und Positionen sichtbar werden zu lassen. Zudem dauern Workshops bis zu mehreren Tagen, (journalistische) Informations-Gesprächsrunden nur wenige Stunden.

A) Die Vorbereitung

- Klären Sie, aus welchem Grund die Gesprächsrunde stattfinden soll: Wer will das und aus welchem Grund?

- Was soll damit erreicht werden? Was ist das Ziel der Veranstaltung? Wer soll worüber informiert werden?

- ... und was darf nicht passieren?

- Machen Sie sich inhaltlich so schlau wie irgend möglich! Recherchieren Sie zum Thema und informieren Sie sich darüber, wer zur Sache welche Position vertritt und wer aus diesem Grunde als Gast dabei sein sollte. Überlegen Sie auch, ohne wen die Veranstaltung inhaltlich „witzlos" sein wird, wen Sie also unbedingt dabeihaben müssen.

---

* Eine ausführliche Darstellung dieser Differenzierung finden Sie in: Auhagen/Bierhoff (Hrsg.), Angewandte Sozialpsychologie - Das Praxishandbuch, Beltz Verlag, Weinheim/Basel/Berlin 2003.

- Laden Sie die (gewünschten) Gesprächpartner zeitig ein. Viele Leute haben einen vollen Terminkalender und warten nicht auf Ihren Termin. Zudem müssen sich die Gäste auf die Veranstaltung vorbereiten können. Fragen Sie 6 - 8 Wochen vorher an!

  Dazu erklären Sie bei der Anfrage, worum es geht, also Thema, Ziel, Anlass, Rahmen und wer sonst noch angefragt ist und aus welchem Grund Sie gerade diesen Gast dabeihaben möchten.

- Achten Sie bei der Auswahl der Gäste darauf, dass Sie möglichst eine „repräsentative" Meinungsvielfalt erreichen, zumindest aber darauf, dass niemand fehlt, der zum Thema (aus welchen Gründen auch immer) wichtig ist.

- Planen Sie zeitig die Location: Welches Ambiente ist dem Anlass angemessen? Dies kann im Konferenzraum sein, aber auch vor Ort, in einer Lagerhalle, ...

● Soll die Veranstaltung Außenwirkung haben, müssen Sie zeitig die Presse informieren; vielleicht den Redakteur des eigenen (Online-)Magazins, vielleicht die Fachpresse, die Regionalnachrichten, ...

● Sorgen Sie für eine perfekte organisatorische Vorbereitung. Das reicht von der Raumgestaltung im kleinen Kreis bis zum professionellen Bühnenaufbau mit Beleuchtungs- und Tontechnik etc. Gegebenenfalls sollten Sie es Fachleuten übertragen, die Kulisse entsprechend zu gestalten. Checken Sie aber unbedingt, ob alles so aufgebaut wird/wurde, wie es Ihren Vorstellungen entspricht! ... und lassen Sie notfalls umbauen!

● Verzichten Sie wenn irgend möglich auf die klassische „Podiumsreihung" und bauen Sie eine offene Runde auf, so dass jeder zu jeder Zeit jeden sehen kann ... und Sie zudem auch körpersprachliche Signale zur Steuerung des Prozesses einsetzen können. Möglicherweise sitzt die Runde auch gar nicht, sondern versammelt sich an einem (großen) Stehtisch ...

● Formulieren Sie vorab für sich das Ziel für die Gesprächsrunde. Ein Beispiel: Das Publikum weiß nach dem Gespräch, wie Bürger, Anwohner, Ladenbesitzer, ... sowie die Vertreter der Stadt über die Bestrebungen denken, einen Freizeitpark zu errichten. Oder: Unsere „High Potentials" wissen nach dieser Gesprächsrunde, welche Aufgaben in der Organisation auf sie warten und welche Erwartungen der Konzernvorstand deshalb an sie hat.

● Formulieren Sie Teilziele! Was möchte ich in einer ersten Runde erfragen und was anschließend klären und welche Frage nehme ich mir als dritte vor?

● Stellen Sie sich für die Planung des inhaltlichen Ablaufs Fragen wie etwa:

- Wie ist die derzeitige Situation?
- Was wissen die Gäste bereits voneinander? Was wissen sie noch nicht, sollte aber geklärt werden?
- Welches Vorwissen hat das Publikum zum Thema?

- Was muss noch gefragt werden und was kann als bekannt vorausgesetzt werden? Wer kann wozu etwas sagen?
- Was möchten die Gäste gefragt werden; wozu möchten sie (vermutlich) etwas „loswerden"?
- Worin bestehen Kontroversen? Wer vertritt welchen Standpunkt?
- Welche Fragen müssen aus Sicht des Publikums geklärt werden?
- Welche Frage kann ich für eine Schlussrunde stellen?

● Führen Sie möglichst mit jedem Gast ein (kurzes) Vorgespräch, zumindest wenn Sie ihn noch nicht kennen. Sprechen Sie die inhaltliche Position durch und geben Sie eine kurze Orientierung zum geplanten Ablauf.

B) Die Durchführung

● Wenn es Publikum gibt, begrüßen Sie zunächst das Publikum und dann die Gäste.

● Stellen Sie die Teilnehmer dem Publikum kurz vor. Die Zuhörer müssen wissen, „mit wem sie es zu tun haben". Das, was Sie sagen, sollte mit dem Teilnehmer vorab abgesprochen sein, damit Sie nicht Dinge sagen, von denen der Gast explizit nicht möchte, dass sie in diesem Rahmen genannt werden.

● Stellen Sie die Gäste am besten reihum vor, so dass nicht der Eindruck entsteht, dass in diesem Kreis die Meinung eines Gastes wichtiger ist als die eines anderen.

● Moderieren Sie das Gespräch dann dadurch an, dass Sie kurz sagen, was Sinn und Zweck der Runde ist, was diskutiert und/oder geklärt werden soll.

● Starten Sie mit den Gästen in Form einer Anfangsrunde. Jeder sollte erst einmal (kurz) inhaltlich „in Erscheinung treten", bevor Argumente zwischen den Gästen ausgetauscht werden.

● Arbeiten Sie jetzt Ihre Fragen gemäß Ihrer Planung (siehe oben) ab!

- Achten Sie darauf, dass die Redezeit einigermaßen gleich verteilt ist und weder ein Gast in der Runde noch das Pubikum den Eindruck gewinnen kann, dass jemand nicht ausreichend zu Wort gekommen ist!

- Bleiben Sie unbedingt neutral! Hüten Sie sich davor, inhaltlich Stellung zu beziehen! - Stellen Sie stattdessen Fragen! Der „Trick" dazu: Sie können im Grunde alles sagen, es muss aber immer als Frage formuliert sein.

Die Frage muss dabei so formuliert sein, dass der Gast auch die Möglichkeit hat, auf Ihr thematisches „Angebot" **nicht** einzusteigen. Das bedeutet, dass Sie nicht versuchen dürfen, Recht zu bekommen; sonst werden Sie zur Partei!

Sie fragen also beispielsweise nicht: „Sie sind doch für die Fußgängerzone, weil Sie dadurch Ihren eigenen Supermarkt im neuen Gewerbegebiet attraktiver machen möchten, oder?", sondern: „Gehen Sie davon aus, dass eine Fußgängerzone die Supermärkte im neuen Gewebegebiet attraktiver machen würde? ... also beispielsweise auch Ihren eigenen?"

- Nach jedem Redebeitrag bitten Sie einen anderen Gast um seine Meinung, indem Sie etwa ...

... Anknüpfen: *„Frau Müller sieht eher Chancen für eine Belebung der Innenstadt durch ..., Sehen Sie das ähnlich, Herr Meier?"*

... Weiterführen: *„Wenn das stimmt, was Herr Huber sagt, was bedeutet denn das dann für ..., Frau Mai?"*

... Fantasieren: *„Wenn es nicht gelingt diesen Standort zu erhalten, wie Herr Wimmer befürchtet, wie sieht denn dann Möbach in 10 Jahren aus, Frau ..., was meinen Sie?"*

... Provozieren: *„Wenn es das Recht eines Kunden ist, von seinen Lieferanten kontinuierliche Preissenkungen zu fordern, wie Sie sagen, bedeutet das dann, dass wir in 5 Jahren umsonst arbeiten müssen?"*

- Bleiben Sie in schwierigen Situationen so „professionell gelassen" wie irgend möglich! – **Sprechen Sie** beispielsweise bewusst nicht leise, aber langsam und **ruhig**!

- Gehen Sie über persönliche Angriffe hinweg, als wären sie nicht gesagt worden; überhören Sie es und führen Sie durch **eine Frage zur Sache** weiter! ... am besten an jemanden, der gerade nicht „im Kreuzfeuer" stand.

- Bekommen Sie eine Frage nicht beantwortet, „stellen Sie sich dumm" und fragen Sie einfach **noch einmal** nach! Verzichten Sie auf eine Antwort, wenn Sie merken, dass der Gefragte die Frage (aus welchen Gründen auch immer) nicht beantworten kann; stellen Sie niemanden bloß!

- Schließen Sie zum Schluss „kurz und knackig" ab; vielleicht haben Sie die Schlussworte ja schon in der Tasche!?

- Danken Sie abschließend der Gesprächsrunde! ... und natürlich auch dem Publikum!

C) Die Nachbereitung

Was nachbereitend zu erledigen ist, hängt von der konkreten Veranstaltung ab.

Hierfür sind in den Kapiteln 2.4 und 3.5 bereits eine Reihe von Tipps skizziert.

Übrigens ...

... es fällt **kein** Meister vom Himmel!

Der Sultan selber war außer sich vor Bewunderung: „Gott, steh mir bei; welch ein Wunder, welch ein Genie!" Sein Wesir gab zu bedenken: „Hoheit, kein Meister fällt vom Himmel. Die Kunst des Zauberns ist die Folge seines Fleißes und seiner Übungen." Der Sultan runzelte die Stirn. Der Widerspruch seines Wesirs hatte ihm die Freude an den Zauberkunststücken verdorben. „Du undankbarer Mensch! Wie kannst du behaupten, dass solche Fertigkeiten durch Übung kommen? Es ist, wie ich sagte: Entweder man hat das Talent oder man hat es nicht." Abschätzend blickte er seinen Wesir an und rief: „Du hast es jedenfalls nicht, ab mit dir in den Kerker. Dort kannst du über meine Worte nachdenken. Damit du nicht so einsam bist und du deinesgleichen um dich hast, bekommst du ein Kalb als Kerkergenossen." Vom ersten Tag seiner Kerkerzeit an übte der Wesir, das Kalb hochzuheben und trug es jeden Tag über die Treppen seines Kerkerturms. Die Monate vergingen. Aus dem Kalb wurde ein mächtiger Stier, und mit jedem Tag der Übung wuchsen die Kräfte des Wesirs. Eines Tages erinnerte sich der Sultan an seinen Gefangenen. Er ließ ihn zu sich holen. Bei seinem Anblick aber überwältigte ihn das Staunen: „Gott, steh mir bei, welch ein Wunder, welch ein Genie!" Der Wesir, der mit ausgestreckten Armen den Stier trug, antwortete mit den gleichen Worten wie damals: „Hoheit, kein Meister fällt vom Himmel. Dieses Tier hattest du mir in deiner Gnade mitgegeben. Meine Kraft ist die Folge meines Fleißes und meiner Übungen."

Viel Kraft zur Bewältigung Ihrer Visualisierungs-, Präsentations- und Moderationsaufgaben!

Herzlichst
Ihr

[Unterschrift: Josef W. Seifert]

182

aus: N. Peseschkian: Der Kaufmann und der Papagei, Fischer Taschenbuch, S. 117

Literatur

Auhagen/Bierhoff (Hrsg.)
Angewandte Sozialpsychologie – Das Praxishandbuch
Beltz Verlag, Weinheim/Basel/Berlin 2003

Argyle, Michael
Körpersprache & Kommunikation
Junfermann Verlag, Paderborn 1996
ISBN 3873871718

Antons, Klaus
Praxis der Gruppendynamik
Verlag Hogrefe, Göttingen 2000
ISBN 3801713709

Cohn, Ruth
Von der Psychoanalyse zur themenzentrierten Interaktion
Klett-Cotta, Stuttgart 1997
ISBN 3608952888

Davidow, Ann et. al.
Wir zeichnen
Boje Verlag, Stuttgart 1982
ISBN 3414154404

Fittkau, Bernd et. al.
Kommunizieren lernen (und umlernen)
Hahner Verlag, Aachen 1994
ISBN 3892941149

Glasl, Friedrich
Konfliktmanagement
Verlag Paul Haupt / Verlag Freies Geistesleben
Bern und Stuttgart 1999
ISBN 3772509541

Langenscheidt KG
OhneWörterBuch
Langenscheidt, Berlin & München 1999
ISBN 3468203942

Heller, Eva
Wie Farben auf Gefühl und Verstand wirken
Verlag Droemer Knaur, München 2000
ISBN 3426271745

Langer, Inghard et. al.
Sich verständlich ausdrücken
Ernst Reinhardt Verlag, München 1999
ISBN 3497014923

Owen, Harrison
Expanding Our Now – The Story Of Open Space Technology
Berret-Koehler Publishers, Inc, San Francisco 1997

Klebert, Karin et al.
ModerationsMethode
Windmühle Verlag, Hamburg 1996
ISBN 3922789188

Schnelle-Cölln, Telse
Visualisierung
Metaplan GmbH, Quickborn 1983

Schrader, Einhard / Biehne, Joachim
Auswählen – Verdichten – Gestalten
Windmühle Verlag, Essen 1984

Seifert, Josef W. / Kraus, Rolf
Mitarbeiter-Gruppen
GABAL Verlag, Offenbach 1996

Seifert, Josef W.
Besprechungen erfolgreich moderieren
GABAL Verlag, Offenbach 2010
ISBN 3897492903

Seifert, Josef W.
Moderation & Kommunikation
GABAL Verlag, Offenbach 2009
ISBN 3897490031

Seifert, Josef W.
Moderation & Konfliktklärung
GABAL Verlag, Offenbach 2011
ISBN 3869360119

Seifert, Josef W. / Kerschbaumer, Bettina
30 Minuten für professionelle Online-Moderation
GABAL Verlag, Offenbach 2011
ISBN 9783869361963

Svantesson, Ingemar
Mind Mapping und Gedächtnistraining
GABAL Verlag, Offenbach 2004

Watzlawick, Paul et al.
Menschliche Kommunikation
Verlag Hans Huber, Göttingen 2000
ISBN 3456834578

Will, Hermann (Hrsg.)
Mit den Augen lernen
Beltz Verlag, Weinheim und Basel 1991
ISBN 3407360142

Zelazny, Gene
Wie aus Bildern Zahlen werden
Gabler, Wiesbaden 1992
ISBN 3409334025

Dieses Literaturverzeichnis erhebt keinen Anspruch auf Vollständigkeit. Die genannten Bücher gaben zum Teil konkrete Anregungen für dieses Buch. Andere sind als weiterführende Literatur gedacht. Es lohnt sich sicher, in das eine oder andere Buch mal „reinzuschauen".

Viel Spaß dabei!

Verzeichnis der Abbildungen

Stichwortverzeichnis

189

Professionelle Fotoprotokolle!

PhotoMinutes© 3.0 - Jetzt 30 Tage kostenlos und unverbindlich testen!

Professionelle Fotoprotokolle erstellen:

▶ Digitalfotos direkt von der DigiCam oder dem PC einlesen.

▶ Fotos in die richtige Reihenfolge klicken.

▶ Fotos bei Bedarf nachbearbeiten, zuschneiden, aufhellen...

▶ Texte einfügen und formatieren.

▶ Logos platzieren.

▶ Und vieles mehr!

Professionelle Fotoprotokolle versenden:

▶ Das fertige Protokoll als PDF oder als Dia-Reihe exportieren.

▶ Anhänge, wie etwa PowerPoint-Präsentationen oder Word-Dateien, in den Protokollordner einbinden.

▶ Das Protokoll per E-Mail versenden oder im Webspace zum Download hinterlegen.

▶ Die Teilnehmer erhalten einen automatisch generierten Download-Link per E-Mail.

Josef W. Seifert bei GABAL
Die besten seiner Bücher

Visualisieren - Präsentieren - Moderieren

Das Wesentliche zu den eng miteinander verknüpften Bereichen Visualisieren, Präsentieren und Moderieren in drei in sich geschlossenen Kapiteln. Dieses Buch ist zu einem Standardwerk geworden. Eines der meist verkauften Präsentationsbücher! Vermutlich das erfolgreichste Moderationsbuch!

Tipp: Erhältlich in Deutsch, Englisch und Französisch.
500.000 verkaufte Exemplare.

Moderation & Kommunikation

Griffige Methoden für den feinstofflichen Bereich des Moderierens. Kommunikation, Gruppendynamik, Konfliktmanagement theoretisch fundiert und sehr praxisbezogen.

Besprechungen erfolgreich moderieren

Die Umsetzung der klassischen Moderationstechnik in die Besprechungssituation am runden Tisch. 11 hilfreiche Kapitel für BesprechungsleiterInnen und TeilnehmerInnen.

Tipp: Auch als Hörbuch erhältlich!

Moderation & Konfliktklärung

Konflikte erkennen - klären - lösen. Der Moderationszyklus zur systematischen Bearbeitung von Konflikten zwischen zwei Personen und in Teams. Ein How-to-do-Buch für den Berater und den TeamCoach genauso wie für Führungskräfte und Projektleiter.

30 Minuten für professionelles Moderieren

Das Wesentliche zum Thema Moderation in aller Kürze – eine Zusammenfassung. Ein Überblick für den eiligen Leser, der in kurzer Zeit wissen will, worauf es bei der Moderation von Gruppen konkret ankommt.

Tipp: Auch als Hörbuch erhältlich.

30 Minuten Online-Moderation

Zahlreiche Unternehmen haben das Online-Conferencing für sich entdeckt. Dieses Buch zeigt Ihnen, wie Sie sich auf diese Situation vorbereiten, den Ablauf einer Online-Moderation gestalten und dabei auch auf die Mitarbeit der Gruppe zählen können.

SixSteps® App: Effektive Meetings für verteilte und lokale Teams

SixSteps® für lokale Meetings

Mit SixSteps® moderieren Sie effektive Vor-Ort-Meetings! SixSteps® unterstützt Ihre Arbeit an einem großen Touch-Screen oder Sie verwenden einfach einen Beamer. Ideen und Beiträge können dabei von Ihren TeilnehmerInnen via Smart-Phone oder Tablet beigesteuert und gemeinsam anhand bewährter Moderationsmethoden bearbeitet werden, wie sie auch in diesem Buch beschrieben sind. Welche Methoden bereits unterstützt werden, erfahren Sie unter www.sixsteps.com.

SixSteps® für Online-Meetings

Mit SixSteps® moderieren Sie ein top strukturiertes Online-Meeting! Ihre Teilnehmer können dabei in Echtzeit Ideen beisteuern. Teilen Sie einfach Ihren virtuellen Meetingraum mit Ihren Kollegen und Kolleginnen und los gehts!

SixSteps® bietet bewährte Moderationsmethoden, wie Sie auch in diesem Buch beschrieben sind. Welche Methoden bereits unterstützt werden, erfahren Sie unter www.sixsteps.com.

Mehr zu SixSteps® unter:
www.sixsteps.com